101 Dinge,
die ein Porsche-Liebhaber
kennen muss

Porsche-Display beim Kilomètre Lancé in St. Moritz. Die Berlin-Rom-Wagen (links im Bild eine perfekte Recreation) wurden von Ferdinand Porsche bereits 1939 konstruiert, neun Jahre vor Beginn der Firmengeschichte von Porsche.

101 Dinge
die ein
Porsche-Liebhaber
kennen muss

Inhalt

Vorwort

101 Dinge über ein Thema mögen viel sein, aber über Porsche gäbe es weit mehr zu schreiben: über diese so besondere Marke ebenso wie über weniger bekannte Lifestyle-Themen, die für Porsche jedoch zunehmend an Bedeutung gewinnen.

Die Marke Porsche war immer eng mit Menschen verbunden, die für ihre Faszination standen. James Dean (1931–1955) war in den 1950er-Jahren der erste berühmte Rebell, der leidenschaftlich Porsche fuhr. Der US-amerikanische Schauspieler verkörperte einen Hunger nach Leben, eine Wildheit und Unangepasstheit, die mit der steifen und spießigen Art der 50er nichts zu tun hatten. Dean war melancholisch und suchte nach Freiheit, er wollte rebellisch leben, ohne aggressiv zu sein. Auch Herbert von Karajan (1908–1989), einer der bedeutendsten Dirigenten des 20. Jahrhunderts, war fasziniert von den Sportwagen aus Zuffenhausen und entsprach damit nicht der geläufigen Konvention. Ende der 1960er-Jahre schließlich war es der US-amerikanische Schauspieler Steve McQueen (1930–1980), der als leidenschaftlicher Rennfahrer Porsche zunächst in die

Bewegender Moment: der Le Mans-Siegerwagen von 2016 nach seiner letzten Dienstfahrt vor dem Porsche-Museum

Schlagzeilen und schließlich auf die Leinwand („Le Mans") brachte. Der Hollywoodstar liebte Porsche, weil die Marke seiner Suche nach dem Kick im Leben entsprach. Der charismatische McQueen war ein Draufgänger, der Partys und Smokings verabscheute und stattdessen lieber an Motorradrennen teilnahm.

Nach Steve McQueen sollte es Jahrzehnte dauern, bis wieder ein Stern am Porsche-Himmel aufging, der glaubwürdig mit allen Konventionen brach und das Bild des Porsche-Enthusiasten auf den Kopf stellte, der britische Modedesigner Magnus Walker (geb. 1967). Durch Soziale Netzwerke wurde der Urban Outlaw mit seinen Rastalocken und dem langen Bart zum Porsche-Star, bevor Instagram Matt Hummel zum „König der Porsche-Patina" kürte. In seiner Heimat Kalifornien macht er staubige Pisten mit seinem stark patinierten Porsche 356 unsicher – und wird dafür gefeiert. Getreu seinem Motto „Jede Fahrt ein Abenteuer" zieht Hummel die Jungen in seinen Bann, für die nicht das Sammeln in klimatisierten Hallen zählt, sondern das Erleben.

Jüngstes Beispiel: Das GP Ice Race in Zell am See, offiziell die Rückkehr des Skijörings nach 45 Jahren, inoffiziell eine kleine Revolution der jungen Generation, denn es zeigt, wie Junge die automobile Welt erleben möchten: einfach cool.

Auch Porsche muss seine bisherigen Denkmuster infrage stellen, vor allem in Sachen digitale Welt und E-Mobilität. Wir lieben Walter Röhrl (geb. 1947), ein Ausnahmefahrer, der geradlinig und glaubwürdig für die Marke stand. Auf dem Weg in die Elektrifizierung dreht sich die Porsche-Welt jetzt aber zunehmend um den ehemaligen Formel-1-Fahrer Mark-Webber, mit seinen 42 Jahren deutlich jünger und geschliffener als Röhrl – und ein Bühnenmensch.

Neben Marke, Menschen und Modellen sind es vor allem die historischen Themen, die dieses Buch prägen. Zu meinen Lieblingsmomenten aus über 70 Jahren Porsche gehört ein Foto, das den Motorsportler Huschke von Hanstein (1911–1996) zeigt, wie er auf einem Porsche Diesel Standard Star samt großem landwirtschaftlichen Anhänger sitzt. Mit diesem Gespann sammelte der damalige Rennleiter und PR-Chef im Jahr 1961 alle Formel-1-Fahrer im Fahrerlager der Solitude-Rennstrecke ein und tuckerte mit ihnen zur Villa Hanstein zum gemeinsamen Abendessen.

Ein weiteres Lieblingsmotiv zeigt Ferry Porsche (1909–1998) mit Huschke von Hanstein vor der Stuttgarter Porsche-Villa am Feuerbacher Weg. Regelmäßig gingen die beiden mit Huschkes Hund Willy spazieren. Nachhaltig beeindruckt hat mich aber ein Motiv, das 1970 nach dem ersten Gesamtsieg von Porsche in Le Mans entstand. Hans Herrmann fuhr

Schöner Rückblick im Jubiläumsjahr „50 Jahre Porsche 917“: Nach dem ersten Gesamtsieg in Le Mans wurden die 917er vor dem Stuttgarter Rathaus empfangen.

den siegreichen Porsche 917 auf öffentlichen Straßen vor das Stuttgarter Rathaus. Das Le-Mans-Team wurde vom Oberbürgermeister empfangen. Eine schöne Geste. Schließlich holte Porsche den so bedeutenden Sieg nach Stuttgart.

Ein weiterer hochemotionaler Moment für das Unternehmen und seine Mitarbeiter war der 25. Oktober 2018, als Mark Webber den Le-Mans-Siegerwagen von 2016, den 919 Hybrid mit einer Systemleistung von 1160 PS, auf seiner letzten Dienstfahrt nach Weissach ins Porsche-Museum steuerte – ebenfalls auf öffentlichen Straßen.

Ein Buch wie dieses kann niemals komplett sein, schon gar nicht in unserer dynamischen Zeit. Vor Ihnen liegt bereits die 3. Auflage, mit Verbesserungen und Ergänzungen. Viel Vergnügen bei der Lektüre wünscht

Ihr Tobias Aichele

Der Alleskönner

1

Jagdwagen Porsche Typ 597

Mitte der 1950er-Jahre begannen in der Bundesrepublik die Pläne zur Aufstellung einer Bundeswehr. Dadurch bot sich für Porsche die Gelegenheit, einen geländegängigen Wagen zu entwickeln, um damit an eine lange Tradition anzuknüpfen. Die Porsche-Konstruktionen Schwimmwagen und Kübelwagen waren im Zweiten Weltkrieg zum Einsatz gekommen.

Drei Bewerber um den Geländewagen waren im Rennen: DKW, Goliath und Porsche. Der Typ 597 wurde mit einem vom Typ 356 abgeleiteten Motor mit 50 PS ausgestattet, die über ein Fünfgang-Getriebe auf die Hinter- und Vorderachse übertragen wurden. Durch den zuschaltbaren Allradantrieb konnte man den Wagen auf der Straße aber auch ohne den Vorderradantrieb fahren. Das maximale Steigvermögen lag bei 65 Prozent. Und diese Porsche-Konstruktion verfügte noch über eine weitere Besonderheit: Der Wagen war durch seine Wannenkarosserie auf Flüssen schwimmfähig, allerdings ohne Eigenantrieb.

Klettermaxe: Der Jagdwagen Porsche Typ 597 konnte jede Steigung bis 65 Prozent meistern.

Sportwagen statt Jagdwagen

Die Prototypen ernteten bei der Bundeswehr viel Lob und neben dem Einsatz bei der Bundeswehr überlegte man eine Verwendung als „Jagdwagen“. Zu einer Serienherstellung kam es dann aber nicht, da das Werk durch die starke Nachfrage des Sportwagens 356 voll ausgelastet war. Im Mai 1956 lief bereits der 10.000ste Porsche vom Band, ein 356 A Coupé, das damals in fünf verschiedenen Motorisierungen von 44 bis 100 PS angeboten wurde. Es blieb bei der Fertigung von insgesamt 71 Vorserienwagen des Typs 597, die heute von Sammlern sehr gesucht sind.

2

Der Berlin-Rom-Wagen

Porsches Stromlinien-Volkswagen

Im „Dritten Reich“ stand der Motorsport unter der zentralen Kontrolle des Nationalsozialistischen Kraftfahrkorps (NSKK) und seines Präsidenten Adolf Hühnlein. Im Jahr 1939 schmiedete man in Deutschland Pläne für neue Rennen. Mit Start in Berlin sollte es erstmals wieder ein richtiges Langstreckenrennen geben, das über die inzwischen fertiggestellte Autobahn bis nach München und dann über den Brenner und auf gesperrten Landstraßen bis nach Rom führen sollte. Vorbild war die Mille Miglia in Italien. Für den neuen Volkswagen sollte dieses rund 1500 km lange Rennen ein willkommenes Propagandamittel werden und die Pläne animierten die Hersteller, windschnittige Stromlinienkarosserien zu entwerfen.

Gebaut, um als Erster in Rom zu sein

Ferdinand Porsche (1875–1951) war überzeugt, dass Sonderanfertigungen auf Basis des Volkswagens Typ 60 für diesen Renneinsatz bestens geeignet wären, und ließ den Automobilkonstrukteur Erwin Komenda (1904–1966), seinen Leiter der Porsche-Karosseriekonstruktionsabteilung, unter der Bezeichnung Typ 64 eine Stromlinienkarosserie

Der Zeitzeuge: Nummer 3 wurde vor vielen Jahren bei Wien restauriert und rekonstruiert. Seine Form zieht überall die Blicke der Betrachter auf sich.

Die Berlin-Rom-Wagen wurden zwar für ein Langstreckenrennen gebaut, machten aber auch auf Rundkursen und bei Rallyes eine gute Figur.

zeichnen. Drei Exemplare des Typs 64 wurden schließlich gebaut. Rund 35 PS genügten, das 650-kg-Leichtgewicht aus Aluminium auf über 145 km/h zu beschleunigen. Hitlers Einmarsch in Polen unterbrach die Pläne dann aber: Ab Herbst 1939 herrschte Krieg, und das Rennen fand nicht statt.

Was aus den drei Stromlinien-Karosserien wurde

Eines der insgesamt drei produzierten Fahrzeuge fuhr Kraft-durch-Freude-Funktionär Bodo Lafferentz (1897–1974) bereits 1939 zu Bruch, ein weiteres wurde von Ferdinand Porsche zunächst als Kurierfahrzeug und dann nach dem Krieg in Österreich von amerikanischen Soldaten genutzt und ebenso wie der dritte Wagen stark beschädigt. Die ramponierten Fahrzeuge nutzte man schließlich zur Restaurierung des Berlin-Rom-Wagens Nummer 3.

Dieses Fahrzeug kaufte der österreichische Rennfahrer Otto Mathé im Jahr 1949, der damit bis ins Jahr 1952 aktiv Rennen fuhr. Anfang der 1980er-Jahre bewegte Mathé seinen Berlin-Rom-Wagen noch bei mehreren Oldtimer-Veranstaltungen. Nach seinem Tod im Jahr 1995 kaufte. Dr. Thomas Gruber den Wagen und ließ ihn von Michael Barbach restaurieren. 2009 wechselte das Auto schließlich in den Besitz der Schörghuber-Gruppe. Nummer 2 wurde vom Automuseum Prototyp rekonstruiert und Nummer 1 wiederum von Michael Barbach. Im Porsche-Museum steht heute eine Rekonstruktion der Karosserie.

3

Helmuth Bott

„Vergesst ihn nicht"

Wenn der Autor dieses Buches den Begriff „Charisma" hört, denkt er sofort an Helmuth Bott. Und es ist ihm bis heute ein Rätsel, warum über so eine Persönlichkeit, die sich über 37 Jahre für Porsche verdient gemacht hat, so wenig geschrieben wurde. Selbst der Wikipedia-Eintrag wirkt geradezu lächerlich, gemessen an dem, was der Ingenieur geleistet hat. Deshalb Aicheles klares Appell: „Vergesst Helmuth Bott nicht"! Er gehört zu den wichtigsten Persönlichkeiten der Porsche-Geschichte.

Eine aufregende Zeit

Wir schreiben das Jahr 1952, die frühen und aufregenden Jahre von Porsche. Die Produktion wurde erst zwei Jahre zuvor von Gmünd nach Zuffenhausen verlegt – in die Räumlichkeiten des Karosseriebauers Reutter. Mit 26 Jahren wird Helmuth Bott Werksassistent, baute Getriebeprüfstände und schrieb Servicehandbücher. Durch seine pädagogischen Vorkenntnisse (er wollte eigentlich Lehrer werden) gehörten schnell die Lehrlinge zu seinem Aufgabengebiet. Offiziell wurde er dann aber Chef der Testabteilung. Bott war maßgeblich an der Entwicklung des 356-Nachfolgers beteiligt und entwickelte die Vorderradaufhängung mit McPherson-Federbeinen. Ernüchternd sind vor allem seine Protokolle über die ersten Testfahrten mit den 901-Prototypen. Bott engagierte sich aber auch immer für die Optimierung des Unternehmens und konzipierte beispielsweise Anfang der 1960er-Jahre die Teststrecke in Weissach.

Prägend für die Firma war auch die fünfjährige Episode mit Ferdinand Piech. Der damals 29-jährige Neffe von Ferry Porsche kam 1963 zu Porsche und übernahm nicht nur die technische Entwicklung, sondern zudem die noch junge Motorsportabteilung. Der formal so vollkommen 904 musste als erste Amtshandlung dem wesentlich leichteren 906 weichen. Piechs Konsequenz mündete schließlich im Typ 917, dem wahrscheinlich am meisten verehrten Rennwagen überhaupt. Bott war in dieser prägenden Zeit bis hin zum ersten Gesamtsieg in Le Mans de facto Piechs Stellvertreter und ergänzte die durch Ehrgeiz geprägte Härte seines Chefs durch seine ruhige und Team-fördernde Art. Überhaupt verstand es Bott wie kein Anderer, aus seinen Ingenieuren Höchstleistung herauszuholen, durch Überzeugung und gekonnte Übertragung von Verantwortung. Noch heute schwärmen seine damaligen Mitarbeiter vom Über-Vater, dem keine Aufgabe zu groß war. Zu seinem Stab gehörten Wilhelm Gorissen, Roland Kussmaul, Günther Steckkönig, Tilman Brodbeck, Norbert Singer und Helmut Flegl – die allesamt eine langjährige Karriere machten.

Nachdem sich alle Familienmitglieder 1971 das Unternehmen verlassen hatten, wurde Bott Leiter der Forschung und Entwicklung. Da Porsche zu jener Zeit noch ein Ingenieur-getriebenes Unternehmen war, übernahm mit Ernst Fuhrmann ein Vollblut-Ingenieur das Ruder. Das „Ja" zum Turbolader katapultierte das Unternehmen in ein neues motorsportliches Zeitalter mit den erfolgreichen Typen 934, 935 und 936 mit zahlreichen Siegen und letztendlich der Marken-Weltmeisterschaft. Mit Peter Schutz kam 1981 ein weitere Ingenieur, dem letztendlich der Fortbestand des 911 zu verdanken ist. Mit seinem Weggang im Jahr 1987 waren auch die Tage von Helmuth Bott gezählt. Seine wichtigstes Projekt, der Technologieträger 959, geriet durch Budget-Überziehungen zunehmend in Kritik und mit Heinz Branitzki und in Folge Arno Bohn und Wendelin Wiedeking übernahmen reine Kaufmänner die Firmenleitung. Die Spannungen nahmen zu und als Wiedeking mit seiner schroffen Art bildlich gesprochen auf der Lebensleistung Botts „herumtrampelte" zog er nach 37 Jahren die Konsequenz. Diese Kündigung zwei Jahre vor seiner offiziellen Rente aber sollte nicht zu sehr an Personen fest gemacht werden. Porsche musste sich ebenfalls der Entwicklung der Autolandschaft unterwerfen, um überleben zu können. Der Sportwagenhersteller entwickelte über rund drei Jahrzehnte faszinierende Sportwagen und übergab diese dann dem Vertrieb zur Vermarktung. So funktionierte das Geschäft nicht mehr. Vielmehr bekamen die Ingeniere vom Vertrieb zukünftig ein Lastenheft, in dem die ermittelten Bedürfnisse der Kunden standen. Und in dieses Raster wurde entwickelt; und zwar so kostengünstig wie möglich. Ein neues Kapitel hatte begonnen, auch für Helmuth Bott. Im schwäbischen Buttenhausen entwickelte er Reinigungsgeräte für Kärcher und zog dort auch in den Vorstand ein. Mit seinem Tod am 23. Mai 1994 haben wir einen charismatischen Mann verloren.

Helmuth Bott (links) im Gespräch mit Dr. Wolfgang Porsche (Bildmitte) und Jochen Mass.

Boxermotoren

4

Scheinbar unerschöpfliches Potenzial

Der Boxermotor trug entscheidend zum Mythos Porsche bei, vor allem der von 1964 an gebaute luftgekühlte 6-Zylinder. Wohl bei keinem Auto wird die Motorhaube so oft spaßeshalber geöffnet wie bei einem luftgekühlten Elfer, der bis ins Jahr 1997 gebaut wurde. „Mit der Umstellung auf Wasserkühlung erfolgte nicht nur ein Paradigmenwechsel in der Motorkonstruktion, sondern das war für Porsche auch aus wirtschaftlicher Sicht entscheidend. Erstmals beim Boxster eingesetzt, erlaubt die effiziente Teilestrategie eine wirtschaftliche Produktion", erklärt Frank Jung, Leiter des Unternehmensarchiv der Porsche AG.

Und auch technisch war dieser Schritt nicht mehr aufzuhalten, da ohne den Wassermantel die Geräuschvorschriften nicht mehr einzuhalten gewesen wären. Außerdem machten die Emissionswerte ein vollkommen neues Motorenkonzept erforderlich. Trotz all dieser Zwänge konnte der Boxermotor ein Boxermotor bleiben und damit eine wichtige Tradition für Porsche fortgesetzt werden. Mit keinem anderen Motor weltweit war es möglich, die ständigen Entwicklungsschritte so überzeugend zu meistern und dabei stets seinen sportlichen Grundcharakter zu erhalten. Denn bei Boxermotoren sind die Pleuel zweier gegenüberliegender Zylinder auf zwei um 180° versetzte Hubzapfen angeordnet. Die beiden Kolben bewegen sich gegenläufig und befinden sich spiegelverkehrt stets in der gleichen Position, also beispielsweise beide im oberen Totpunkt.

Ferdinand Piëch und Ferry Porsche diskutieren an einem Sechszylinder-Boxermotor.

Der Boxster

5

Eine eigene Erfolgsstory

Die frühen 1990er-Jahre waren für Porsche existenziell, das Unternehmen befand sich in einer Absatzkrise und in den Medien kursierten Verkaufsgerüchte. BMW und Toyota waren die am heißesten gehandelten Übernahmekandidaten des Sportwagenherstellers. Bei der Besetzung des Vorstandsvorsitzes mit dem Branchenfremdling Arno Bohn hatte man kein glückliches Händchen bewiesen, und die Modellpolitik stockte. Der Typ 964 war in die Jahre gekommen und nicht mehr sonderlich begehrt und, was am schlimmsten war, Porsche fehlte die Perspektive und seinen Kunden der Glaube an die Firma.

Eine Studie, die die Fans zurückeroberte

Doch dann kam Stück für Stück die Wende. Wendelin Wiedeking wurde zum Chef berufen, strukturierte das Unternehmen um, und die Designer und Techniker in Weissach stellten eine Autostudie auf die Beine, mit der sie das Vertrauen der Öffentlichkeit in die Firma zurückgewannen: Mit Hochdruck wurde am Boxster gearbeitet, und auf der Motor Show in Detroit im Januar 1993 glänzte der Sportwagenhersteller mit seiner Studie. Auch der 993, Nachfolger des 964, machte Fortschritte. Bereits nach wenigen Monaten war klar: Wendelin Wiedeking war die richtige Besetzung in diesen schwierigen Zeiten. Aus der Boxster-Studie wurde die Modellreihe Boxster. Es ging aufwärts.

Designstudien sind stets firmenpolitische Instrumente und werden vor allem dann als Publikumsmagnet auf Automobilsalons präsentiert, wenn ein Automobilunternehmen keine herausragende Neuerscheinung vorweisen kann. Prototypen werden aber auch eingesetzt, wenn Autohersteller die Akzeptanz von besonderen Lösungen testen wollen. Und genau dieses Ziel verfolgte Porsche. Mit dem Boxster, übrigens ein Kunstname aus Boxer (-motor) und Roadster, zeigte das Unternehmen wieder Innovationskraft und Entwicklungspotenzial.

Kein Roadster wie all die anderen

Es handelte sich um einen offenen Zweisitzer mit Mittelmotor, der nicht nur durch seine ansprechende Karosserieform gefiel, sondern auch zahlreiche pfiffige Detaillösungen aufwies. Sowohl stilistisch als auch technisch fand der Sportwagenhersteller eine eindeutige Anbindung an den legendären Rennsportwagen 550 Spyder und den 718 RS. Vom Mittelmotorkonzept ausgehend, kam man zu einer Reihe von Vorgaben, die das Erscheinungsbild des Boxsters prägten. Hierzu gehörte der im Verhältnis zur Fahrzeuglänge lange Radstand. Während der Karosserieüberhang des Hecks sehr kurz ausfiel, reichte die Frontpartie deutlicher über die Vorderachse hinaus. Diese Auslegung der Überhänge „unterstützt das visuelle Spannungserlebnis", wie der damalige Designchef Harm Lagaaij betonte.

Kompakt, komfortabel und richtungsweisend im Design

Seinem Konzept für den Innenraum legte das Team um Lagaaij die Erkenntnis zugrunde, dass Fahrer und Beifahrer unterschiedliche Ansprüche an ihren Sitzplatz stellen. So wurde der Fahrersitz auf maximalen Halt ausgelegt, seitliche Beinabstützungen sicherten die Sitzposition bei flotter Gangart zusätzlich. Der Beifahrer hingegen sollte größeren Bewegungsspielraum und vielfältige Ablagemöglichkeiten erhalten. Der Sechszylinder-Boxer mit Wasserkühlung und Vierventiltechnik war vor der Hinterachse als Mittelmotor eingebaut. Hinter dem Motor lag der größere, über dem Tank vorne der kleinere Kofferraum.

2021 feierte Porsche das 25. Produktionsjubiläum mit einem Sondermodell (rechts).

Der Carrera

6

Das Nonplusultra

Stellt man sich die Frage nach dem wahren Elfer in der nun 50 Jahre währenden Geschichte des Sechszylinders, fällt unweigerlich ein Name: Carrera RS 2.7, im Oktober 1972 auf dem Pariser Autosalon erstmals vorgestellt und bis Juli 1973 in 1525 Einheiten verkauft. Dieser RS ist ein harmonischer Kompromiss aus Optik und Notwendigkeit. Das alte Kleid wurde durch die unumgänglichen aerodynamischen Hilfsmittel nicht in Mitleidenschaft gezogen.

Im Gegenteil, der Frontspoiler und der sympathische Entenbürzel geben dem Outfit die nötige Aggressivität, ohne dabei aufdringlich zu wirken. Außerdem war der RS der erste 911 mit hinten breiteren Felgen (7 Zoll) als vorne (6 Zoll), weshalb er auch entsprechend größere Kot-

Vier auf einen Streich: Der Fotograf brachte alle vier luftgekühlten RS-Versionen in Position – und alle in Indischrot.

flügel hatte. Aber diese Verbreiterungen fielen dezent aus, sodass der RS 2.7 als die Essenz dessen, was ein 911 verkörpern sollte, in die Geschichte einging.

Ein Motormanagement, das mit der Zeit geht

Dabei war die Technik des Carrera nicht wirklich sensationell. Das 2,7-Liter-Triebwerk war die konsequente Weiterentwicklung des 2,4-Liters; der Leistungssprung von 190 auf 210 PS erschien daher nur folgerichtig. Als Porsche den RS entwickelte, waren bleifreier Kraftstoff noch unbekannt und Lärmvorschriften ein Fremdwort. Und auch der hohe Benzinverbrauch stellte gesellschaftlich noch kein Problem dar. Allerdings sollte sich das ändern, und zwar bevor alle RS an die Kundschaft ausgeliefert worden waren.
Mit der ersten Ölkrise verschoben sich die Entwicklungsschwerpunkte und die Motorenspezialisten mussten bei der Suche nach mehr PS auch den umweltpolitischen Forderungen nachkommen.

So blieb das bärenstarke 2,7-Liter-Triebwerk aufgrund der Art seiner Kraftentfaltung und der dazugehörigen Akustik das sportlich-unbekümmerte Nonplusultra sämtlicher Elfer-Motoren.

Anzeigen, so unkonventionell wie die Marke: Porsche war auch für seine außergewöhnlichen Werbemotive bekannt.

Rückblick auf ein Erfolgsmodell

Im Jahr 1955 erschien der erste Porsche mit Namen „Carrera", welcher nach dem mexikanischen Langstreckenrennen „Carrera Panamericana" benannt wurde, nämlich die Sportversion des 356 A, der 1500 GS.

Der Cayenne

7

Konzept für drei unterschiedliche Ansprüche

Vom Jahr 2002 an ergänzte Porsche seine Produktpalette um ein Sport Utility Vehicle (SUV) und war fortan kein reiner Sportwagenhersteller mehr. Um Entwicklungs- und Produktionskosten zu sparen, kooperierten Porsche und der Volkswagen-Konzern. Auf der Cayenne-Plattform wurden in Folge die Modelle VW Touareg sowie Audi Q7 gebaut. Für die Produktion des SUV errichtete Porsche ein Werk in Leipzig, wo der Motor, das Getriebe und alle anderen Bauteile und -gruppen in die aus Bratislava (Slowakei) angelieferte Karosserie eingebaut wurden. 18 Jahre nach Produktionsbeginn rollt der 1.000.000. Cayenne vom Band in Bratislava in der Slowakei. Ein GTS in Karminrot, der an einen deutschen Kunden ausgeliefert wurde.

Der Cayenne – ein Verkaufsschlager: Porsche prägte den Trend der sportlichen SUVs schon seit 2002!

Raumgefühl: Das Platzangebot im Cayenne begeistert bereits in der dritten Generation.

Ein SUV mit Porsche-Gefühl

Der sportliche Geländewagen mit der internen Bezeichnung 9PA erfuhr im Jahr 2007 das erste Facelift. Der Nachfolger (Typ 92A) blieb von 2010 bis 2017 im Programm und wurde schließlich auf der IAA im September 2017 durch die dritte Generation (Typ PO536) ersetzt. Diese wird inzwischen vollständig im VW-Werk Bratislava produziert.

Der Sportwagen unter den SUVs

Porsche bezeichnet die dritte Generation als komplette Neuentwicklung, mit noch mehr Porsche-typischer Performance bei höchster Alltagstauglichkeit. Leistungsstarke Turbomotoren, ein neues Achtgang-Tiptronic-S-Getriebe, neue Fahrwerksysteme und ein innovatives Anzeige- und Bedienkonzept mit umfassender Konnektivität erweiterten den Spagat zwischen Sport und Komfort. Insgesamt fasste der neue Cayenne drei Fahrwerkkonzepte in einer Neukonstruktion zusammen: Sportwagen, Geländewagen, Reiselimousine. Für die Performance stand der 911 stets Pate. Der Porsche Cayenne Turbo mit dem 550 PS starken V8-Biturbo-Triebwerk übernahm Ende 2017 den Platz an der Spitze der Baureihe.

Der Cayman

8 Ein ausgewiesener Kurvenkünstler

Im November 2005 wurde die Porsche-Produktpalette um den Cayman S erweitert. Er schloss die Lücke zwischen Boxster und dem 911 Carrera. Sein Design erinnert an den legendären 904 GTS aus dem Jahr 1964. Der Cayman S erhielt einen 3,4-Liter-Motor mit 295 PS. Im Jahr 2006 kam eine Variante mit dem 245 PS starken 2,7-Liter-Motor hinzu. Als ausgesprochener Kurvenkünstler setzt der Porsche Cayman vor allem dynamische Akzente.

Preisgekrönte Zwillinge

Bei der New York International Auto Show wurden die Porsche-Modelle Boxster und Cayman jeweils zum „World Performance Car 2013" gekürt. Zu diesem Ergebnis kam eine hochkarätige Jury von 66 Automobil-Journalisten aus 23 Ländern. Sie wählten den Mittelmotor-Roadster und das Coupé gemeinsam auf den ersten Platz. Den Mittelmotor-Sportler gab es damals in zwei Versionen: als Cayman mit einem 275 PS starken Boxermotor und als Cayman S mit 325 PS.

Die Geschichte des 718

Vierzylinder-Boxermotoren haben bei Porsche eine lange Tradition – und eine erfolgreiche dazu: Als Nachfolger des legendären Porsche 550 Spyder stellte der 718 Ende der 1950er-Jahre die höchste Ausbaustufe der Vierzylinder-Boxermotoren dar. Ob beim 12-Stunden-Rennen von Sebring 1960 oder bei der Europäischen Bergmeisterschaft zwischen 1958 und 1961: Der Porsche 718 setzte sich mit seinem leistungsstarken und effizienten Vierzylinder-Boxer im Wettbewerb gegen zahlreiche Konkurrenten durch. Bei dem legendären italienischen Langstreckenrennen Targa Florio auf Sizilien belegte der 718 in den Jahren 1959 und 1960 den ersten Platz. Beim 24-Stunden-Rennen von Le Mans 1958 sicherte sich der 718 RSK mit seinem 142 PS starken Vierzylinder einen Klassensieg.

Seit dem Modellwechsel 2016 heißt das zweitürige Sportcoupé 718 Cayman. Mit der Bezeichnung 718 bezieht sich der Stuttgarter Hersteller auf den Wegbereiter dieses Sportwagenkonzepts aus dem Jahr 1957, der zahlreiche Erfolge auf berühmten Rennstrecken feierte. 718 Boxster und 718 Cayman rückten optisch und technisch weiter zusammen. Beide Modelle verfügen künftig über gleich starke Vierzylinder-Boxermotoren mit Turboaufladung.

Der Cayman kann von der Fahragilität her dem 911 das Wasser reichen.

Die Porsche-Chefs

9

Ferry Porsche

Ferdinand Anton Ernst „Ferry" Porsche (1909–1998), der das vom Vater übernommene Konstruktionsbüro in Stuttgart zum weltweit erfolgreichsten Sportwagen-Hersteller umbaute, war ein Autonarr und hob das Modell 356 aus der Taufe: Unter seiner Leitung wurde 1948 im österreichischen Gmünd der erste Sportwagen gebaut, der den Namen Porsche trug. Noch im selben Jahr ging der Wagen in Serie. Ebenfalls geprägt hat er den Porsche 911.

Ferry war Porsche-Geschäftsführer, bis das Unternehmen im Jahr 1972 in eine Aktiengesellschaft umgewandelt wurde. Danach wechselte er in den Aufsichtsrat und prägte das Unternehmen so über fünf Jahrzehnte lang. Ferry Porsche galt als still und bescheiden. Ein charismatischer Mann der alten Schule.

Ferry Porsche ließ sich bis ins hohe Alter über alle Porsche-Belange berichten: gute und auch problematische.

Die Porsche-Chefs

10

Ernst Fuhrmann

Erster Vorstandsvorsitzender der Porsche AG war Ernst Fuhrmann (1918–1995). Er leitete das Unternehmen von 1972 bis 1980.

Der promovierte Maschinenbauer hatte mit seinem Entwicklerteam bereits in den 1950er-Jahren im Unternehmen den berühmten „Fuhrmann-Motor“ (Typ 547), einen luftgekühlten Vierzylinder-Boxermotor mit Königswellen, konstruiert. Diese Entwicklung verhalf Porsche zu ungezählten Rennerfolgen wie dem legendären Doppelsieg von Frère/Frankenberg und Herrmann/Glöckler beim 24-Stunden-Rennen von Le Mans im Jahr 1953. Unter seiner Leitung wurde auch der Porsche 928 entwickelt, der 1977 als der „große neue Sportwagen von Porsche“ auf dem Genfer Autosalon vorgestellt und bis 1995 gebaut wurde. Fuhrmanns Idee, der 928 könne den 911 ablösen, bewahrheitete sich indes nicht.

Ferry Porsche (links im Bild) kannte Ernst Fuhrmann bereits Jahrzehnte, bevor dieser seine Nachfolge als Firmenlenker antrat.

Die Porsche-Chefs

11

Peter W. Schutz

Fuhrmanns Nachfolger war ab dem Jahr 1981 Peter Werner Schutz (1930–2017), ein deutsch-amerikanischer Ingenieur, der seine Karriere zwischen Dieselmotoren und Traktoren startete. Schutz kam während der Ölkrise zu Porsche – eine schwierige Zeit für den Autobauer. Ihm gelang es, den US-amerikanischen Automarkt zu erobern und so den Umsatz des Unternehmens mehr als zu vervierfachen – von 850 Mio. auf ganze 3,7 Mrd. D-Mark – und so mit Porsche wieder schwarze Zahlen zu schreiben.

Ihm verdankt das Unternehmen die erfolgreiche Fortführung des 911 und die weltweit erfolgreiche Positionierung des 911 Cabriolets. Als die Absätze in den USA aufgrund des schwachen Dollars einbrachen, wurde Schutz vom Vorstandsposten abgelöst.

Peter W. Schutz (Bildmitte) berichtete noch fast täglich an Ferry Porsche (Zweiter von links).

Die Porsche-Chefs

12

Heinz Branitzki

Von 1988 bis 1990 rückte der ehemalige Finanzvorstand und Diplom-Kaufmann Heinz Branitzki (1929–2016) auf den Chefsessel – als erster Nicht-Techniker. Branitzki war bereits 1965 als 36-Jähriger ins Unternehmen eingetreten und begann seine Karriere als Prokurist. Seit 1972 arbeitete er im Vorstand, zwölf Jahre als stellvertretender Vorsitzender, und begleitete das Unternehmen 1984 an die Börse.

Auf ihm lagen alle Hoffnungen, denn Porsche befand sich in einer schweren Absatz- und Führungskrise, die das deutsche und das US-amerikanische Geschäft schwer belasteten. Hinzu kam, dass der Porsche 911 (Typ 964) als nicht mehr konkurrenzfähig galt. Und Branitzki schaffte es tatsächlich, die finanzielle Situation des Zuffenhausener Autobauers innerhalb weniger Monate zu stabilisieren. Dennoch räumte er seinen Posten nach nur zwei Jahren, was wohl mit seinem inzwischen angespannten Verhältnis zu Ferry Porsche zusammenhing.

Heinz Branitzki (links), hier mit Ernst Fuhrmann und Dorothea Porsche, rückte als Finanzvorstand auf den Chefsessel. Er konnte die Finanzkrise des Unternehmens eindämmen.

Die Porsche-Chefs

13

Arno Bohn

Bei der Computerfirma Nixdorf sammelte Arno Bohn (geb. 1947) Vorstandserfahrung, bevor er von 1990 bis 1992 die Geschicke des Sportwagenherstellers lenken sollte. Porsche steckte auch während seiner Amtszeit in einer tiefen Absatzkrise und für Bohns Rettungsanker, das viertürige Coupé 989, liefen die Entwicklungskosten davon.

Das und ein Konflikt mit Ferdinand Piëch, Porsche-Miteigentümer und Aufsichtsratsmitglied, führten schließlich zur Trennung von Bohn und der Berufung von Wendelin Wiedeking.

Besonderer Moment: Heinz Branitzki (links im Bild) übergibt das Ruder an Arno Bohn.

Die Porsche-Chefs

Wendelin Wiedeking

Die nachhaltige Sanierung des Unternehmens gelang erst Wendelin Wiedeking (geb. 1952), einem promovierten Maschinenbauer, der sich im Unternehmen bereits als Vorstandsreferent, Vorstand und Sprecher des Vorstands seine Sporen verdient hatte. Durch Stellenabbau, schlanke Produktionsprozesse und konsequente Kosteneinsparungen sowie ein passendes Modellportfolio entwickelte er Porsche zu einem der profitabelsten Autohersteller der Welt. Unter seiner Ägide stieg der Börsenwert des Unternehmens auf 25 Mrd. Euro (2007).

Der schnauzbärtige Westfale galt als Alpha-Manager. Doch als Wiedeking im Größenwahn Europas größten Autokonzern Volkswagen schlucken wollte und dies nach dramatischen Monaten, in denen Porsche erneut von einer Umsatzkrise gebeutelt wurde, scheiterte, musste der erfolgsverwöhnte Manager im Jahr 2009 gehen.

Wendelin Wiedeking revolutionierte die Porsche-Produktion und damit das Unternehmen.

Die Porsche-Chefs

15 Michael Macht

Wiedekings Nachfolger Michael Macht (geb. 1960) war eine Art Ziehsohn von ihm und galt als pragmatischer Produktionsexperte mit ausgeprägtem Hang zum Sparen. In seiner kurzen Amtszeit vom 23. Juli 2009 bis Juli 2010 glänzte der Maschinenbauingenieur und spätere Produktionsvorstand von Volkswagen als Diplomat vor allem in der Phase, als Volkswagen und Porsche einen integrierten Automobilkonzern gründeten. Als Michael Macht nach Wolfsburg wechselte, folgte ihm Matthias Müller nach, der bis dahin Leiter der Produktstrategie bei Volkswagen war.

Folgerichtige Nachfolge: Michael Macht war der Schützling von Wendelin Wiedeking.

Die Porsche-Chefs

16

Matthias Müller

Mit Matthias Müller (geb. 1953) folgte ab 2010 bis 2015 der Produktstratege und Markenmanager des VW-Konzerns auf den Chefposten bei Porsche. Unter der Ägide des Werkzeugmachers und Diplom-Informatikers überraschte Porsche mit dem 918 Spyder und dem Sport-SUV Macan. Der Sportwagenbauer fand zurück auf die Erfolgsspur, die Umsätze und die Zahl der Mitarbeiter stiegen und – die wohl wichtigste Zahl im Porsche-Universum – der Absatz legte innerhalb von fünf Jahren von 100.000 auf rund 200.000 Fahrzeuge im Jahr zu.

Die Jahre der Stagnation waren endgültig Geschichte und Müller empfahl sich damit für eine weit größere Herausforderung: Im Herbst 2015 übernahm er den Vorstandsvorsitz der Volkswagen AG, um den Abgasskandal zu meistern.

Moderner Stratege: Matthias Müller führte das Unternehmen Porsche in die richtungsweisende Konzernstruktur.

Die Porsche-Chefs

17 Oliver Blume

Seit 2015 führt der gebürtige Braunschweiger Oliver Blume (geb. 1968) das Unternehmen. Für den Maschinenbauer und promovierten Fahrzeugtechniker, der seine Karriere bei Audi begann, gilt es, die Tradition von Porsche mit den Möglichkeiten der Elektrifizierung, Digitalisierung und Konnektivität zu verbinden. Mit der Strategie 2025 „Die Zukunft des Sportwagens" hat Blume sich Großes vorgenommen. Er möchte die traditionellen Porsche-Werte mit den modernen Technologien in Einklang zu bringen – und das hohe Umsatzniveau erhalten oder sogar noch ausbauen.

Ein Weg, um das zu erreichen, ist die Mission E, die Elektro-Porsche-Offensive, für die am Stammsitz Zuffenhausen die Produktion gebaut wurde. In vielerlei Hinsicht eine Herausforderung.

Richtungsweisend: Oliver Blume führt Porsche konsequent in die Zukunft, ohne traditionelle Werte zu verlassen.

18

Christophorus

Schutzpatron als Namensgeber für ein Kundenmagazin

„Packende Reportagen, tiefgründige Essays und hochwertige Fotografie. Seit 1952 bietet das Magazin Christophorus exklusive Einblicke in die Welt von Porsche“, wie es auf der Homepage heißt. Frühe Ausgaben haben längst Sammlerstatus. Den Grundstein legte der Rennfahrer und Historiker Richard von Frankenberg (1922–1973), damals Pressesprecher von Porsche und als Einziger mit dem Aufbau einer Marketing-Abteilung beschäftigt. Zusammen mit dem Grafiker Erich Strenger entwickelte RvF das Kundenmagazin, dessen Chefredakteur er bis zu seinem Unfalltod war.

Porsche nahm mit der Zeitschrift damals eine Vorreiterrolle in Sachen Kundenbindung ein: Mit dem Erwerb eines Neufahrzeugs gehört man seither automatisch zum Kreis derer, die sich anfangs fünfmal im Jahr über ein hochwertiges Kundenmagazin freuen dürfen.

Mit der Buchreihe Christophorus Edition („zurückblicken, genießen, vorausdenken“) erweitert die Porsche AG seit 2018 ihr Angebot für Liebhaber der Sportwagenmarke aus Zuffenhausen, die sich neben Sportwagen auch für kulturelle, gesellschaftliche und wirtschaftliche Themen interessieren. Den Auftakt bildet die Sammleredition des „Christophorus“ im XL-Format. Darin enthalten sind die besten Artikel, Reportagen und Porträts vergangener Ausgaben, ergänzt um bisher unveröffentlichte Fotos.

Die Zeit vor der Drohne: Für besondere Motive kletterten die Christophorus-Fotografen noch auf Hocker.

Porsche-Clubs

19

Eine große Familie voller Leidenschaft

Seit über sechs Jahrzehnten ist die Porsche-Geschichte untrennbar mit dem weltweiten Enthusiasmus der Porsche-Clubszene verbunden. Am 26. Mai 1952 gründeten sieben passionierte Porsche-Fahrer den Westfälischen Porscheclub Hohensyburg. Das gemeinsame Ziel dieses ersten Clubs überhaupt war laut Gründungsprotokoll, „alle Porsche-Fahrer in freundschaftlicher und kameradschaftlicher Art und Weise zu vereinen". Die Clubgründung war der Beginn einer langen und einzigartigen Erfolgsgeschichte, die zu einem weltweiten Phänomen wurde.

Ein Multitalent als erster Markenbotschafter

Maßgeblich beteiligt an den freundschaftlichen Zusammenschlüssen der Porsche-Fahrer war Huschke von Hanstein, der damalige PR-Chef und Rennleiter. Er war es auch, der die Marke Porsche durch gekonnte PR-Maßnahmen und Renneinsätze in der ganzen Welt bekannt machte. Schließlich war ein Porsche zu Beginn der 1950er-Jahre noch eine Seltenheit auf öffentlichen Straßen, was unter den Besitzern zu einem verstärkten Zusammengehörigkeitsgefühl – nicht nur in Deutschland – führte. Die internationale Erfolgsgeschichte der Porsche-Clubs begann 1953 mit der Gründung des Porsche Club of Belgium. Zwei Jahre später ging aus einer privaten Gruppe amerikanischer Porsche-Kunden, die sich gegenseitig technische Unterstützung leisteten, der Porsche Club of America (PCA) hervor, der heute mit rund 130.000 Mitgliedern in 145 Regionen die größte Porsche-Cluborganisation der Welt repräsentiert. Und in Großbritannien gründeten Enthusiasten der Sportwagenmarke aus Zuffenhausen im Jahr 1961 den Porsche Club Great Britain, der sich mittlerweile zur größten Porsche-Cluborganisation in Europa entwickelt hat.

Solitude: Das Schloss vor den Toren Stuttgarts gehörte bis in die 1970er-Jahre zu den beliebtesten Fotomotiven.

Große Aufmerksamkeit: Porsche-Modelle übten stets eine große Anziehungskraft aus.

Jeder Porsche war wie ein Kind

Auch Professor Dr. Ferry Porsche schätzte die große Bedeutung der Clubs und ihrer Präsidenten für das Familienunternehmen; er war bei den ersten sieben Treffen sogar persönlich anwesend. Vielleicht nahmen deswegen die Teilnehmer aus Übersee Flugzeiten von teilweise über 20 Stunden in Kauf, um dabei zu sein. Und um zu erleben, wenn Professor Porsche – wie seinerzeit 1989 in Karlsruhe – von seiner Frau erzählte, die, wenn sie einen Porsche sah, in den 1950er- und 1960er-Jahren zu ihrem Mann sagte: „Schau, da fährt wieder eines deiner Kinder." Daraufhin bat Ferry Porsche die Club-Präsidenten: „Passen Sie gut auf meine Kinder auf." So sentimental zeigte sich der Ehrenvorsitzende natürlich nicht bei jeder Zusammenkunft.

Längst hat Dr. Wolfgang Porsche, Aufsichtsratsvorsitzender der Porsche Automobil Holding SE, die Rolle des Vaters übernommen. Und auch seine Anwesenheit und seine Ansprachen schätzen die „Porscheaner" aus aller Welt sehr.

Der „Cup“

20

Markenpokale seit 34 Jahren

1985 wurde der Porsche 944 Turbo Cup ins Leben gerufen, als preiswerte Alternative zum Profisport. Schnell avancierte er zum beliebtesten und vor allem richtungsweisenden Markenpokal, denn Porsche war das erste Unternehmen, das Katalysatoren und ABS im Motorsport einsetzte.

1990 ersetzte man den Markenpokal durch den Porsche Carrera Cup Deutschland, um ihn aufzuwerten. Das Interesse war so groß, dass eine „zweite Liga“, die Carrera Trophäe, geschaffen werden musste. Der Erfolg des Cups hatte drei Ursachen: erstens die perfekte Organisation der Veranstaltungen durch Porsche, dann die packenden Positionskämpfe der nahezu gleichen Fahrzeuge und drittens das einzigartige Flair der 911 Carrera auf der Rennpiste.

Der Cup bot Porsche die Möglichkeit, die Qualität und Standfestigkeit der Fahrzeuge unter Beweis zu stellen. Der Medienerfolg erhöhte das internationale Interesse und so entschied man, den Carrera Cup europaweit auszutragen, was das Niveau neuerlich anhob. Von 1993 an unterschied man zwischen dem international ausgetragenen Porsche Mobil 1 Supercup und dem nationalen Carrera Cup. Sechs der insgesamt acht Porsche Supercups wurden im Vorfeld der Formel-1-Weltmeisterschaft ausgetragen.

Mit dem 944 Turbo Cup fing alles an: Heute sind die Porsche-Cups von den Rennpisten nicht mehr wegzudenken.

Curves

21

Porsche-Fahrer sind Kurvenräuber

Stefan Bogner liebt Bergpässe, Kehren und Kurven. Aus dieser Leidenschaft heraus gründete der Münchner Fotograf im Jahr 2011 das Special-Interest-Magazin „Curves“ mit der Unterzeile „Soulful Driving“. Bogner selbst versteht darunter das „schöne Unterwegssein“, also den Genuss, den Landschaft und Berge beim Fahren bereiten können. „Mit Geschwindigkeit und Adrenalin-Kicks hat dieser Ansatz nichts zu tun“, betont Bogner

Traumkulisse: Kurven sind der Traum eines jeden Porsche-Fahrers.

Stefan Bogner gelingen sensationelle Inszenierungen. Auf dem Foto ist der Dätwyler-Porsche im Jahr 2019 auf der Teufelsbrücke zu sehen.

und er traf mit dem Magazin „Curves" den Nerv der Zeit. Dabei steckt für ihn auch Tiefsinn hinter dem Kurven-Kult: „Eine Kurve ist die sinnlichste Verbindung zwischen zwei Punkten – und in gewisser Weise auch die realistischste. Wer sich ein Ziel steckt, wird dieses fast nie auf dem kürzesten Weg erreichen."

(Sehn)Sucht nach Kurven

Was aber hat „Curves" in einem Buch über die 101 wichtigsten Dinge über Porsche zu suchen? Nun, die Zeitschrift richtet sich an Fahrer, die mit ihren „Fahrmaschinen" aus dem Alltag ausbrechen möchten, also hauptsächlich an Porsche-Fahrer. Diesen Brückenschlag haben die Marketingexperten des Unternehmens schnell erkannt und wurden zum offiziellen Partner des Liebhabermagazins.

Hinzu kommt Stefan Bogners Zeitgeist. Der Werber trifft den Nerv der Zeit und richtet sich mit seinem gedruckten Roadmovie gleichermaßen an etablierte Porsche-Gurus wie an die junge Fraktion.

„100 Meter rechts zwei Plus, gerade machen – voll – 250 Meter Achtung, Achtung zwei Plus links VANI (von außen nach innen)": Auszug aus einem Kurven-Logbuch.

Die Kältewelle sportlich nehmen

Ein Beispiel: Mit seinen 2018 in St. Moritz produzierten Aufnahmen über das Porsche Skijöring, bei dem Skifahrer von zwei Porsche aus verschiedenen Generationen über einen Eis-Parcours gezogen wurden, schaffte er die werbliche Grundlage für das GP Ice Race in Zell am See, das im Januar 2019 mit großem Erfolg abgehalten wurde: die Rückkehr des Motorsports auf Eis nach 45 Jahren.

Oder Bogners unkonventionelle Art, den 70. Geburtstag des Sportwagenherstellers im Jahr 2018 zu feiern: Der Fotograf wählte für einen Tag die Großglockner Hochalpenstraße als „Spielwiese" für die Besitzer besonderer Porsche-Fahrzeuge. Entstanden sind Lifestyle-Beiträge, ein Buch und jede Menge Likes in den sozialen Netzwerken.

James Dean

22 Ein Symbol für die Flucht aus dem „Mief" der 1950er-Jahre

Nur drei Filme und sein früher Unfalltod reichten, um den sensiblen Rebellen James Dean zu einem kultartig verehrten Idol werden zu lassen. Am 9. März 1955 fand die Premiere seines ersten Hollywood-Films „Jenseits von Eden“ statt. Dean nahm nicht daran teil. Er feierte den Erfolg, indem er seinen ersten Porsche, einen 356 Speedster kaufte, mit dem er am 26. März 1955 an den zweitägigen Straßenrennen von Palm Springs in Kalifornien teilnahm. Dean gewann die Qualifikation und beendete das Finale als Zweiter.

Im selben Monat begannen die Dreharbeiten zu „... denn sie wissen nicht, was sie tun“. Dean spielte einen jugendlichen Außenseiter, der auf der Suche nach Anerkennung ist. Er liefert sich Messerkämpfe und Autorennen mit einer Jugendgang und findet bei der naiven Judy und dem introvertierten Einzelgänger Plato, der heimlich Gefühle für Jim empfindet, eine Ersatzfamilie.

Lebe wild und gefährlich: James Dean wollte sich auf der Rennpiste messen, so oft es ging.

James Dean machte schon mit seinem 356 Speedster die Pisten unsicher.

Wild, maßlos und unangepasst

Während der zweimonatigen Dreharbeiten nahm James Dean am 1. Mai 1955 in Bakersfield, Kalifornien, erneut an einem Autorennen teil. Er wurde Klassensieger und Dritter gesamt. Vor den Dreharbeiten zu „Giganten" nahm er vom 28. bis 29. Mai 1955 an seinem dritten Rennen teil. Bei den Santa Barbara Road Races fiel er dann allerdings wegen eines Motorschadens aus. Im September 1955 schließlich kaufte sich James Dean einen stärkeren Rennwagen, einen silberfarbenen Porsche 550 Spyder. Auf der Fronthaube des Wagens war die Nummer 130 lackiert, während auf dem Heck sein Spitzname „Little Bastard" stand, den ihm sein Dialogcoach Bill Hickman am Set von Giganten verpasst hatte. Für den Porsche 550 Spyder hatte Dean seinen Speedster in Zahlung gegeben und 3000 US-Dollar dazubezahlt. Mit dem Wagen wollte er am 1. Oktober 1955 an einem Autorennen in Salinas, Kalifornien, teilnehmen.

Die Ironie des Schicksals

Doch soweit sollte es nicht mehr kommen. An der Kreuzung der California State Route 41 mit der California State Route 46 bei Cholame prallte sein Wagen ungebremst in den Ford Tudor Sedan von Donald Turnupseed, der ihm die Vorfahrt genommen hatte. Dean verstarb auf dem Weg ins Krankenhaus an seinen inneren Verletzungen. Sein Beifahrer Rolf Wütherich überlebte. „Fahrt vorsichtig! Vielleicht bin ich es, dem ihr damit eines Tages das Leben rettet", hatte er zwei Wochen zuvor in einem Werbespot für Verkehrssicherheit seinen Fans zugerufen. Ironie des Schicksals.

Der Diesel

23

Porsche fasziniert mit jedem Antriebskonzept

Ein Großprojekt von Porsche war die Entwicklung von Traktoren. Im August 1949 erwarb Landmaschinenhersteller Allgaier die Rechte an dem in Gmünd entwickelten „Volksschlepper“. Und bereits 1950 konnte der „AP 17 System Porsche“ genannte und 4450 Mark teure Schlepper mit einer ganzen Reihe von technischen Neuerungen der Öffentlichkeit präsentiert werden. Der AP 17 wurde zum Verkaufsschlager; bis 1956 entstanden rund 25.000 Einheiten.

Zum 1. Januar 1956 schließlich wurde in Friedrichshafen die Porsche-Diesel GmbH gegründet. Das Unternehmen produzierte bis 1963 rund 120.000 Schlepper mit dem Namen Porsche, den Einzylinder „Junior“, den Zweizylinder „Standard“, den Dreizylinder „Super“ und den Vierzylinder „Master“. Porsche-Diesel sind längst zum Kult geworden und stehen heute in fast jeder Porsche-Sammlung. Der ehemalige Entwicklungsvorstand Helmuth Bott (1925–1994) war der erste bekennende Porsche-Diesel-Liebhaber aus der Vorstandschaft. Und der ehemalige Porsche-Chef Wendelin Wiedeking fährt seinen Master noch heute mit Begeisterung.

Zeitreise: Die Modelle „Junior" und „Standard" vor dem Start-und-Ziel-Häuschen der ehemaligen Solitude-Rennstrecke.

Elektrifizierte Porsche

24

„Stromer" gibt es schon lange

Als reine Entwicklungsträger baute Porsche im Rahmen eines öffentlichen Förderprojekts bereits im Jahr 2010 zwei Boxster E. Sie waren mit fast sieben Zentner schweren Lithium-Eisen-Phosphat-Akkus ausgerüstet, die mit der eigens entwickelten Flüssigkeitskühlung exakt in die vorhandenen Motorlager passten. Der Stromspeicher verfügte über eine Kapazität von 29 kW, was bei behutsamer Gangart eine theoretische Reichweite von 170 km möglich machte.

Der 122 PS starke Elektromotor stammte aus den Regalen von VW und kam im E-Golf zum Einsatz. Eine Serienfertigung der Technologieträger war aber nie angedacht. Es ging den Entwicklern darum, Teillösungen wie ein ideales Reichweiten-Anzeigekonzept, das Anfahren am Berg sowie das Abschleppen von Stromern zu untersuchen.

„Alles, nur nicht langweilig"

Auch außerhalb des Porsche-Werks gab es E-Mobilitäts-Aktivitäten mit Porsche-Fahrzeugen, die Beachtung verdienen. So hat bereits 1988 der Manufakturbetrieb classic eCars in Hilden einen Porsche 912 auf Elektroantrieb umgerüstet. Dabei lag der Fokus von Anfang an auf Alltagstauglichkeit. Bis heute fährt der e912 ohne technische „Ermüdungserscheinungen", seit bald 100.000 Kilometern. Zu den E-Referenzfahrzeugen von classic eCars zählen neben dem 912 ein VW Käfer, ein VW-Bus T 1 und zwei ElektroSpyder S, die im Rahmen eines Forschungsprojektes der Bundesregierung gebaut wurden. „Elektroautos dürfen alles sein – nur nicht langsam und langweilig", so die Devise der beiden Geschäftsführer Jens Broedersdorff und Uwe Koenzen.

Ein Prototyp mit Potenzial

Im Oktober 2008 stellte Ruf Automobile den ersten elektrisch angetriebenen modernen Sportwagen aus Deutschland vor, den eRuf. Im März 2009 präsentierte der Fahrzeughersteller auf dem Genfer Autosalon einen weiteren elektrischen Prototyp, entstanden in Zusammenarbeit mit der Siemens AG. Die Eckdaten ließen aufhorchen: 367 PS und das maximale Drehmoment von über 900 Nm; eine Höchstgeschwindigkeit von über 250 km/h und 5 Sekunden von Null auf 100. Gefördert wurde das Projekt durch das Bundesumweltministerium.

Europa-Bergmeisterschaft 25

Nicht nur in den 1960ern ein Porsche-Revier

Der Titel der Europa-Bergmeisterschaft wird seit 1957 von der FIA ausgetragen und immer wieder von dem Markenduell Ferrari gegen Porsche dominiert. Gerhard Mitter hat die Meisterschaft für Porsche drei Jahre hintereinander gewonnen: im Jahr 1966 auf einem Porsche 906, ein Prototyp mit Achtzylinder-Triebwerk, und in den Jahren 1967 und 1968 auf dem Porsche 910/8. Zum ersten Mal nach über 50 Jahren war das liebevoll restaurierte Fahrzeug auf der Retro Classics 2019 in Stuttgart wieder öffentlich zu sehen. Dazu Porsche-Museums-Chef Achim Stejskal: „Heute ist dieses Modell ein Paradebeispiel für Leichtbau, denn konventionelle Materialien wurden durch Titan, Magnesium, Aluminium und Kunststoff ersetzt."

Bergrennen spielten für Porsche stets eine große Rolle und markierten ein bedeutendes Kapitel des Motorsports. Um an die großen Zeiten zu erinnern, hat Porsche die Bergspezialisten Eberhard Mahle, Tony Fischhaber und Rudi Lins nochmals am Gaisberg versammelt. Anlass war ein Journalistentermin im Vorfeld des 90. Jubiläums dieser Bergrennstrecke.

Mahle bestritt am Gaisberg das letzte seiner Rennen im Jahr 1966, als er die neu geschaffene Europa-Bergmeisterschaft für GT-Fahrzeuge souverän für sich entscheiden konnte. Auf Porsche 911.

Insgesamt gehen 20 Europa-Bergmeisterschaften auf das Konto von Porsche.

Kurven-Genie: Gerhard Mitter war auf dem kompromisslos leicht gebauten Berg-Spyder kaum zu schlagen.

oben: Eberhard Mahle 1966 auf dem Weg zum Sieg der Europa-Bergmeisterschaft
unten: Eberhard Mahle trifft im Jahr 2020 seinen ehemaligen Meisterschaftswagen.

Porsche Exclusive

26

Mehr geht nimmer

Anfang der 1980er-Jahre waren Umbauten am 911 Turbo, mit denen er die Frontoptik des Rennwagens Typ 935 erhielt, gerade in den USA beliebt. Porsche bot daher ab 1981 eine Flachbau-Umrüstung für die Turbo-Modelle an. Dieser Umbau war nicht als zusätzliche Ausstattung ab Werk lieferbar, sondern wurde über das Sonderwunschprogramm nachträglich in der Porsche-Reparaturabteilung in Handarbeit durchgeführt. Aus diesen Aufträgen entstand unter Leitung von Rolf Sprenger (gestorben am 24. Februar 2021 im Alter von 77 Jahren) die Porsche Exclusive, die im Zusammenspiel von handwerklicher Perfektion und Hightech sehr persönliche Kundenfahrzeuge kreiert.

Der 911 Targa 4 GTS bei einer Präsentation auf Sylt.

Heute kümmern sich 30 hochqualifizierte Mitarbeiter um jeden Kundenwunsch. So können im Exterieur etwa die Bereiche Beleuchtung und Räder sowie Motor und Antrieb individualisiert werden. Hinzu kommt ein großes Sortiment an speziellen Farben und edlen Materialien für Bauteile im Interieur.

Für ausgewählte Modelle kann die Porsche-Exclusive-Manufaktur Kundenwünsche auch außerhalb des Individualisierungsprogramms, das mehr als 600 Bestelloptionen umfasst, umsetzen. Neben den besonderen Kundenfahrzeugen fertigt die Manufaktur auch limitierte Kleinserien und Editionen, in denen sich hochwertige Materialien mit modernen Fertigungstechniken zu einem stimmigen Gesamtkonzept verbinden.

Der 935 lässt grüßen: In den 1970er-Jahren wünschten Kunden die Optik der Rennboliden.

Maßgeschneiderte Umbauten seit 1978

Getreu dieser Maxime legte Porsche in den vergangenen Jahrzehnten immer wieder außergewöhnliche Sammlerstücke auf – so etwa den 911 Sport Classic von 2009, der Tradition und Moderne vereint. Ein Jahr später präsentierte Porsche mit dem 911 Speedster eine Hommage an den 356 Speedster. Auf Basis des Panamera Turbo S Executive entstand zwischen 2014 und 2015 die Panamera Exclusive Series. Mit dem 911 Turbo S Exclusive Series folgte 2017 eine weitere Kleinserie, mit deren Vorstellung die Umbenennung des Geschäftsbereichs auf den Namen Porsche Exclusive Manufaktur einherging. Zuletzt setzte das Unternehmen die Tradition mit der 911 Targa Heritage Design Edition fort.

Originale Exclusive-Fahrzeuge, allen voran die Flachbauten, sind bei Sammlern Jahren sehr beliebt. In der Preisfindung wird aber deutlich zwischen den im Werk umgebauten und den von Tunern modifizierten Fahrzeugen unterschieden.

Röhrls Liebling: der 911 Turbo S auf Basis des 964 mobilisierte stolze 381 PS.

Das F-Modell/der Ur-Elfer

27

Forever young und atemberaubend schön

Auf der Internationalen Automobil-Ausstellung (IAA) in Frankfurt schlägt die Geburtsstunde einer Legende. Es ist der 12. September 1963: Porsche präsentiert den mit Spannung erwarteten Nachfolger des 356. Der neue, zunächst 901 genannte Sportwagen, tritt ein großes Erbe an und will gleich noch in einer höheren Liga spielen. Sechs- statt Vierzylindermotor, in bester Firmentradition luftgekühlt und mit Boxerantrieb, aber von vornherein 130 PS stark. Als das neue Modell 1964 auf den Markt kommt, heißt es schon 911.

Schlanke Karosserie mit ursprünglichem Fahrgefühl

Die Fahrleistungen des neuen Sportwagens übertreffen alle Erwartungen. Die Weichen für eine beispiellose Weltkarriere sind gestellt, zu der stets die konsequente Ausweitung der Modellpalette gehörte. Bereits 1965 folgten die Targa-Varianten sowie der 912 mit Vierzylinder-Triebwerk und schließlich im Jahr 1966 mit dem 911 S die erste Leistungsvariante mit 160 PS. Im Herbst 1967 rundet der 110 PS starke 911 T das Programm ab. Die 130 PS-Version hieß fortan „L“ und war die letzte Variante mit kurzem Radstand (SWB für Short Wheel Base).

Mehr Radstand für die Fahrsicherheit

Ab Modelljahr 1969 wächst der Radstand der ersten 911-Generation um 57 mm auf 2268 mm. Dies beruhigt in erster Linie das Fahrver-

Die Modelle mit dem kurzen Radstand gab es bis Modelljahr 1968.
Im Bild ist eine frühe Version von 1965 zu sehen.

Der 911 Carrera RS 2.7 markierte 1972 und 1973 die Spitze der F-Modelle.

halten des Heckmotor-Sportwagens. 1969 endet die 2,0-Liter-Ära: Eine um 4 mm größere Bohrung hebt den Hubraum auf 2195 cm³. Zum Modelljahr 1972 steigt der Hubraum sogar auf 2,4 l, dafür akzeptiert der Sportwagen jetzt auch Normalbenzin. Das neue Leistungsspektrum: von 130 bis zu 190 PS im 911 S.

Der 911 Carrera RS 2.7 wird mit seinem Entenbürzel-Heckspoiler zu einer ganz eigenen Legende. Der 1000 kg leichte, 210 PS starke und über 245 km/h schnelle Sportler rollt 1525-mal aus dem Werk in Zuffenhausen. Er setzt der ersten 911-Generation die Krone auf. Vom F-Modell werden zwischen 1963 und 1973 insgesamt 111.995 Fahrzeuge produziert.

Mythen und Legenden: Der 911 mit der Ölklappe rechts wurde nur 1972 gebaut. Verwechslungen mit dem Tankeinfüllstutzen sollen zu zahlreichen Motorschäden geführt haben.

Peter Falk

28

Der legendäre Renningenieur

Der ehemalige Porsche-Ingenieur und Rennleiter Peter Falk arbeitete über einen Zeitraum von mehr als 30 Jahren für die Porsche AG und ist noch heute bei allen wichtigen Jubiläen als Porsche-Repräsentant anzutreffen.

Als junger Versuchsingenieur begann Falk seine Porsche-Karriere 1959 in der Abteilung Fahrversuch. Bei der Entwicklung des 911 gehörte er zusammen mit Hans Spannagel, Kurt Knoerzer, Rolf Hannes, Herbert Linge, Helmuth Bott und Helmut Rombold zum Team der Spezialisten im Fahrversuch.

In diesem Zusammenhang erinnert sich Falk gern an die Entwicklung der beim 911 erstmals verwendeten geknickten Lenksäule: „Der Sicherheitsfaktor war bei uns Ingenieuren ein gern gesehener zusätzlicher Effekt." Schließlich war es auch Peter Falk, der dann den ersten Renneinsatz in einem 911 überhaupt bestritt. Bei der Rallye Monte-Carlo von 1965 erzielte er gemeinsam mit Herbert Linge einen vollkommen überraschenden fünften Gesamtplatz.

In den folgenden Jahren entstanden unter seiner Verantwortung als Leiter der Vor- und Rennwagen-Entwicklung zahlreiche Sport-Prototypen,

Renn-Veteranen: Porsche 917-Pilot Kurt Ahrens (rechts) mit Peter Falk auf der Motor Show in Essen im Jahr 2012.

Wohlüberlegt: Peter Falk war stets souverän und gehört zu den besten Ingenieuren, die Porsche je hatte.

vom 906 bis zum 917. In seiner Funktion als Rennleiter verantwortete Peter Falk ab 1982 die erfolgreiche Ära der Gruppe-C-Rennwagentypen 956/962.

Mit sieben Le-Mans-Gesamtsiegen sowie elf Weltmeistertiteln wurde dieses Rennwagenprojekt zum erfolgreichsten der gesamten Unternehmensgeschichte.

Zwei Gesamtsiege bei der Rallye Paris–Dakar in den Jahren 1984 und 1986 wurden zu weiteren Höhepunkten seiner Tätigkeit.

Vor seiner Ära als Rennleiter von 1973 bis 1981 war Peter Falk Versuchsleiter in der Serienentwicklung der Baureihen 911, 924 und 928. Seine Tätigkeitsschwerpunkte waren die Bereiche Karosserie und Getriebe sowie die Fahrerprobung und Dauerläufe.

Fahrwerksspezialist mit Benzin im Blut

Von 1989 bis zu seiner Pensionierung im Jahr 1993 steuerte Peter Falk als Leiter der Fahrwerksentwicklung zahlreiche Fahrzeugprojekte. So war er in führender Position an der Entwicklung der 911-Baureihe 993 sowie an der Vorentwicklung der 911-Baureihe 996 und des Porsche Boxster beteiligt.

Zu seinen Lieblingszitaten bei Interviews gehört folgendes Statement, das auch sehr zutreffend seinen zurückhaltenden Charakter widerspiegelt: „Nun gut, ich kenne viele Fahrzeuge, an denen ich während meiner Porsche-Zeit mitgearbeitet habe und die ich selbst auch gefahren bin, aber bei Weitem nicht alle.“

Die Fuchs-Felge®

29

Mehr als ein Trendsetter

Räder scheinen für den Designer nur einen begrenzten Spielraum zu bieten: Rund müssen sie allemal sein. Gerade darin liegt aber eine große Herausforderung, denn ansonsten sind lediglich das Material und die Dimensionen des Rades vorgegeben. Denn die Gestalt dieses scheinbar so schlichten Elements prägt die Anmutung eines Automobils entscheidend: Was wäre ein Auto ohne charakteristische Räder?

Diese Überlegung mag bei Porsche eine Rolle gespielt haben, als der Autohersteller Mitte der 1960er-Jahre beim Räderspezialisten Fuchs anklopfte und fragte, ob Leichtmetallräder auch für ein Serienfahrzeug realisiert werden könnten. Die beiden Verhandlungspartner kannten sich damals bereits: Fuchs lieferte an Porsche geschmiedete Panzerräder.

Die Stunde des Flügelrads

Ansprechpartner für die Zuffenhausener war der technische Berater Kretsch, der für die im sauerländischen Meinerzhagen ansässige Firma Otto Fuchs Metallwerke in Süddeutschland unterwegs war, um den Autoherstellern deren Produkte beziehungsweise deren spezielles Know-how anzubieten. Was er Porsche offerierte, musste für damalige Verhältnisse ein Knüller gewesen sein: Kretsch stellte die Möglichkeit in Aussicht, ein qualitativ hochwertiges, geschmiedetes Rad aus Leichtmetall herzustellen. Etwas Derartiges hatte man in Deutschland bis dato nicht gesehen. Gegossene Aluminiumräder gab es ebenfalls noch nicht, weil man keine Gusslegierung kannte, welche die statischen Voraussetzungen erfüllt hätte.

Weltweit das erste Schmiederad

Der Wunsch, Leichtmetallräder einsetzen zu können, kam damals in der Automobilbranche auf, weil man sich von dem besonders aus dem Flugzeugbau bekannten Material hohe Qualität bei geringem Gewicht versprach. Porsche war aber etwa zeitgleich mit Mercedes-Benz (für seine Mittelklasse-Baureihe – ebenfalls in Zusammenarbeit mit der Firma Fuchs) der erste deutsche Autohersteller, der ein Aluminiumrad entwickelte, und wurde also auch in dieser Beziehung zu einem Vorreiter. Heute sind Fuchs-Felgen längst Kult. Gut erhaltene Originale kosten inzwischen sehr viel Geld. Deshalb werden verschiedene Größen in Meinerzhagen bereits wieder aufgelegt.

Entscheidungsträger versammelten sich um Ferry Porsche und Designer F. A. Porsche: 58 einzelne Arbeitsgänge waren notwendig, bis eine Fuchs-Felge fertig war.

Der Fuhrmann-Motor

30

Ein Dauerbrenner im 550 Spyder

Als Fuhrmann-Motor bezeichnet man den Porsche-Motor 547, entwickelt und konstruiert von Ernst Fuhrmann (1918–1995), der nach der Umwandlung des Unternehmens in eine Aktiengesellschaft von 1972 an ihr erster Vorstandsvorsitzender war. Unter Fuhrmanns Leitung wurde auch der Porsche 928 entwickelt.

Der Typ 547 ist ein luftgekühlter Vierzylinder-Boxermotor mit vier obenliegenden Nockenwellen, zwei pro Zylinderbank, die über vier Königswellen angetrieben werden. Der Motor ist mit einer Doppelzündung ausgestattet und hat pro Zylinderbank einen Fallstrom-Doppelvergaser. Zylinder und Zylinderköpfe sind aus Aluminium.

Die Entwicklung des Motors begann 1952. Der Hubraum wuchs von 1500 cm^3 auf bis zu 2 l. Zuletzt wurde der Fuhrmann-Motor 1962 im Porsche 904 Carrera GTS verbaut. Er leistet in der Spitze 190 PS. Kein jemals gebautes Renntriebwerk kann auf eine so lange und erfolgreiche Geschichte zurückblicken, vor allem im 550 Spyder. Die Kombination dieses Triebwerks mit der Aluminium-Karosserie des Spyders war über ein Jahrzehnt im Motorsport gefürchtet. Heute kostet ein originaler Carrera-Motor rund 250.000 Euro, ein 550 Spyder rund 3 Mio. Euro.

Ernst Fuhrmann (links) begutachtet zufrieden die Endmontage eines von ihm entworfenen Triebwerks.

Die G-Serie

31

Der Elfer startet durch

Mit tiefgreifenden Veränderungen startet der 911 in das zehnte Jahr. Erstmals kommen Turbo-Motoren zum Einsatz und zusätzlich zum Targa kommt eine Cabriolet-Version sowie zum Marktende der G-Serie im Jahr 1989 ein Speedster auf den Markt. Die Karosserien sind feuerverzinkt.

Die strengeren Sicherheitsvorschriften in den USA brachten optisch die signifikantesten Änderungen hervor. Um den vorgeschriebenen Aufprall mit 8 km/h ohne Schaden zu überstehen, kamen die charakteristischen Faltenbalg-Stoßfänger mit der Gummilippe vor der Kofferraumhaube zum Einsatz. Diese lassen sich bis zu 50 mm eindrücken – ohne wichtige Fahrzeugteile in Mitleidenschaft zu ziehen. Die Aufprallenergie wird bei den US-Versionen von elastischen Pralldämpfern absorbiert, die Porsche für alle anderen Märkte als Option anbietet.

Highlight dieser Ära ist der 911 Carrera 2.7 MFI in der Targa-Ausführung.

Porsche hat den Turbo salonfähig gemacht. In der G-Serie kamen 3,0- und 3,3-Liter-Triebwerke zum Einsatz.

Erfolgsmodellreihe mit innovativer Technik

Darüber hinaus spielt Sicherheit für die zweite 911-Generation eine bedeutende Rolle. Das zeigen viele Details – von serienmäßigen Dreipunkt-Sicherheitsgurten über Vordersitze mit integrierten Kopfstützen bis hin zu Prallflächen in den neu gestalteten Sportlenkrädern.

Der zunächst 2,7 l große Sechszylinder im Basis-Elfer übernimmt bereits zu Beginn das Hubraumvolumen des 911 Carrera RS der Vorgängergeneration. Wenig später steigt der Hubraum auf 3,0 l an. Ab 1983 sind es sogar 3,2 l und im Fall des 911 SC RS bis zu 250 PS. Das große Entwicklungspotenzial des luftgekühlten Boxermotors überrascht immer wieder aufs Neue.

Schnell, schneller, 911

Deutlich höhere Leistungsgipfel erklimmt der 3,0-l-Boxer ab 1974 im Heck des 911 Turbo. Die aus dem Motorsport transferierte Aufladungs-Technologie treibt den Supersportler zunächst mit 260 PS an. Ab 1977 beflügeln ihn ein zusätzlicher Ladeluftkühler und die Hubraumerweiterung auf 3,3 l – das Ergebnis sind 300 PS. So kommt es zu Fahrleistungswerten, die Mitte der 1970er-Jahre nahezu beispiellos sind: 5,2 Sekunden für den Sprint von 0 auf 100 km/h klingen ebenso unglaublich wie eine Höchstgeschwindigkeit von mehr als 260 km/h. Mit dem Turbo ist ein weiterer Mythos geboren. Die G-Serie wird zwischen 1973 und 1989 gebaut. In den 16 Jahren stellt Porsche 198.496 Fahrzeuge her.

Gmünd

Wo die Wiege stand

32

1944 war Porsche nach Gmünd (Kärnten) umgezogen. Als Holzindustriegebäude mit angeschlossener Landwirtschaft getarnt, überlebte das Unternehmen jene Ära. Rund 500 km von Stuttgart entfernt, werkelten hier begnadete Ingenieure notgedrungen an kriegsverschonten Kübelwagen, um wenigstens etwas Geld heranzuschaffen. Denn die Entwicklungsarbeit für ein Sportwagenkonzept war längst in der Endphase. Schließlich bauten die Enthusiasten den ersten Prototyp zusammen. Chefkonstrukteur war damals Karl Rabe (1895–1968) und Karosserie-Konstrukteuer Erwin Komenda (1904–1966). Es war die Geburtsstunde des Porsche Typ 356 „Nr. 1" Roadster am 8. Juni 1948.

Standesgemäß: Museums-Domizil in Kärnten

Nachhaltigen Erfolg hatte das Unternehmen aber erst Anfang der 1950er-Jahre, nach der Rückkehr nach Stuttgart. Porsche hinterließ in Gmünd das Konstruktionsgebäude und eine Siedlung aus Holzfertighäusern, in denen die Ingenieure gewohnt hatten. Wahrscheinlich wäre all dies in Vergessenheit geraten, wäre Helmut Pfeifhofer nicht so hartnäckig geblieben und hätte dort 1982 das einzige private Porsche-Museum in Europa aus der Taufe gehoben. Zusammen mit einem Kreis Porsche-begeisterter Freunde renovierte er vier Jahre später auch das Pförtnerhaus des früheren Konstruktionsgebäudes. Das Häuschen ist heute eine Art Heiligtum und jährlich pilgern Tausende von Porsche-Enthusiasten nach Gmünd, um die Wiege aller Porsche-Sportwagen zu besuchen.

Gute Tarnung: Hinter der Fassade eines Holzunternehmens entstanden die ersten 356 in reiner Handarbeit.

Der Porsche GT3

33

Der meistverkaufte Rennwagen der Welt

Das Spitzenmodell der 5. Generation des 911 hieß ab dem Modelljahr 1999 erstmals 911 GT3. Er war nicht nur ein zweisitziges Coupé mit Straßenzulassung und Alltagstauglichkeit, sondern auch ein Sportwagen, mit dem sich auf Rennstrecken respektable Rundenzeiten erzielen ließen. Der 911 GT3 hatte seine Lorbeeren schon vor der Markteinführung eingeholt. Mit dem zweifachen Rallye-Weltmeister und Porsche-Testfahrer und -Repräsentanten Walter Röhrl am Steuer dauerte die Umrundung der Nürburgring-Nordschleife weniger als acht Minuten. Um genau zu sein: 7:56 Minuten benötigte der GT3 für die 20,8 km lange Strecke, gestoppt per Lichtschranke.

Ein Rennwagen für öffentliche Straßen

Vom 911 Carrera unterschied sich der GT3 durch geringfügige optische Veränderungen. Auffällig waren vor allem das neue Bugteil, dezente Seitenschweller, ein feststehender Heckflügel, rote Bremssättel sowie 18-Zoll-Sport-Design-Leichtmetallräder. Das Herzstück des GT3 war der wassergekühlte Sechszylinder-Boxermotor des Le-Mans-Siegerwagens 911 GT1 mit einer speziell vergüteten Kurbelwelle und Titan-Pleueln.

Der GT3 der zweiten Generation ab 2004 bestach durch mehr Leistung und mehr Drehmoment bei gleichem Hubraum und gleichem Verbrauch. Durch die konsequente Verringerung der bewegten Massen des Sechszylindermotors und den Einsatz der stufenlosen Nockenwellen-Verstellung VarioCam brachte der neue 911 GT3 15 kW oder 21 PS mehr Power auf die Straße. Somit stieg die Leistung von 360 auf 381 PS.

Spitzensportler: Der Preis für einen 991 GT3 begann bei 152.410 Euro.

Die neue GT3-Generation debütierte Anfang 2021.

Wassergekühlter Saugmotor

Am 28. Februar 2006 wurde der neue 911 GT3 auf Basis des 997 auf dem Genfer Autosalon der Weltöffentlichkeit vorgestellt. Der 415 PS starke 3,6-l-Boxermotor erzielte eine spezifische Leistung von 115,3 PS pro Liter Hubraum. Damit setzte sich in dieser Hubraumklasse die neue GT3-Generation an die Spitze der straßenzugelassenen Seriensportwagen mit Saugmotor. Mit dem auf 435 PS erstarkten Sechszylinder-Saugmotor startete der 911 GT3 ab Modelljahr 2009 in seinen zweiten Lebensabschnitt. Das Plus von 20 PS war im Wesentlichen das Resultat einer Hubraumerhöhung um 200 cm^3 auf 3,8 l. Auf dem Autosalon in Genf im Jahr 2013 schließlich wurde der GT3 der Baureihe 991 vorgestellt, mit rund 500 PS und Siebengang-PDK.

Nach insgesamt 14.145 produzierten GT3-Modellen seit 1999 übernahm die fünfte Generation des 911 GT3 als vollständige Neuentwicklung die Pole Position unter den reinrassigen Porsche-Seriensportwagen mit Saugmotor. Zuwachs für die puristischen Hochleistungssportwagen von Porsche gab es ab September 2017: Der 911 GT3 mit Touring-Paket war ausschließlich mit manuellem Sechsgang-Getriebe zu haben und besaß statt des feststehenden Heckflügels einen variablen Heckspoiler, wie man ihn vom 911 Carrera kennt.

Hans Herrmann

34

Ein Leben für den Rennsport

Er fuhr gegen die Besten seiner Zeit: gegen Stirling Moss, Graf Berghe von Trips, Joakim Bonnier und Jo Siffert. Hans Herrmann (geb. 1928), einer der erfolgreichsten Werksrennfahrer der Porsche AG, gilt als einer der zuverlässigsten und beständigsten Rennfahrer aller Zeiten. Während seiner Motorsportkarriere hat Herrmann auf Marken wie Porsche, Mercedes-Benz, Borgward und Abarth mehr als 80 Gesamt- und Klassensiege erzielt. 1953, 1954 und 1955 wurde er Deutscher Rennsportwagen-Meister bis 1500 cm^3, 1969 und 1970 Markenweltmeister.

Seine größten Erfolge feierte Hans Herrmann mit Rennsportwagen aus Zuffenhausen: bei der Mille Miglia, der Targa Florio, der Carrera Panamericana und in Le Mans, wo er 1970 auf einem 917 den ersten Gesamtsieg für Porsche holte.

Der „Hans im Glück" hinterm Steuer

Seine Rennsportkarriere begann Herrmann 1952 auf einem privaten Porsche 356, mit dem er an Bergrennen, Rallyes und Zuverlässigkeitsfahrten teilnahm. Bereits im folgenden Jahr erzielte er zusammen mit Richard von Frankenberg im Porsche 356 bei der Rallye Lyon–Charbonnières den fünften Gesamtplatz. Der damalige Rennleiter Husch-

Bereits in den 1950er-Jahren fuhr Hans Herrmann in Le Mans. 1970 schließlich holte er den ersten Gesamtsieg für den Sportwagenhersteller nach Stuttgart.

ke von Hanstein holte den 26-Jährigen daraufhin in die Porsche-Werksmannschaft. 1953 ging Hans Herrmann beim 24-Stunden-Rennen von Le Mans erstmals an den Start, zusammen mit Co-Pilot Helmut Glöckler holte er auf einem Porsche 550 Coupé auf Anhieb den Sieg in der Klasse bis 1,5 Liter Hubraum.

Für besondere Anlässe wie die Revival-Veranstaltung auf dem Großglockner trägt Hans Herrmann noch seinen Helm aus den 1950er-Jahren.

Unvergessen ist der spektakuläre Vorfall während der Mille Miglia 1954, als Herrmann und sein Beifahrer Herbert Linge flach geduckt unter geschlossenen Bahnschranken durchbrausten, die Gleise unmittelbar vor dem heranrasenden Schnellzug überquerend. Herrmann machte die spektakuläre Momentaufnahme später zum Motiv einer Briefkarte, ergänzt um den Zusatz: „Glück muss man haben." In Gesprächen ergänzt er: „Glück hat, wer als Rennfahrer überlebt."

Für seine Verdienste wurde er am 16. März 2012 in die Sebring Hall of Fame aufgenommen. Diese hohe Auszeichnung der Organisatoren der amerikanischen Traditionsrennstrecke fand im Vorfeld der 60. Ausgabe der 12 Stunden von Sebring im Jahr 2012 statt.

Vom Rennsport zum exklusiven Zubehör

Das Werksteam mit den Piloten Hans Herrmann, Jo Siffert, Vic Elford, Rolf Stommelen, Udo Schütz und Gerhard Mitter errang im Jahr 1969 erstmals den Markenweltmeistertitel für Porsche. In einem der aufregendsten Le-Mans-Rennen aller Zeiten hatte sich zuvor Hans Herrmann nach 24 Stunden heftigen Kampfes Jacky Ickx im Ford GT 40 um 120 m geschlagen geben müssen. Ein Jahr darauf lief es für ihn umso besser: Bei seiner elften Teilnahme in Le Mans gelang ihm der erste Gesamtsieg für Porsche. Danach zog er sich im Alter von 42 Jahren vom aktiven Rennsport zurück und wurde mit der Firma Hans Herrmann Autotechnik ein erfolgreicher Unternehmer. Am 23. Februar 2021 feierte er seinen 93. Geburtstag.

Huschke von Hanstein

35

Der Rennbaron

Der Sohn eines Raubritters war seiner Zeit weit voraus. Fritz Huschke von Hanstein (1911–1996) war ein Meister der Kommunikation und „erfand“ die PR. Bei Porsche gingen seine Tätigkeiten zwischen 1951 und 1969 weit über dieses anspruchsvolle Kommunikationshandwerk hinaus. Er war nicht nur PR-Chef, Fotograf und Kameramann, sondern in Personalunion auch Rennfahrer, Rennleiter, Erfinder und Neuerer. Der Schutz der Rennfahrer durch Helme bereits seit 1938 und später durch Sicherheitsanzüge sowie die Werbung auf Rennfahrzeugen (Fletcher Aviation auf dem 550 Spyder im Jahr 1953) gehen genauso auf ihn zurück wie die Einführung des Zebrastreifens. Sein allzeit souveränes Auftreten, das von wahrer aristokratischer Weltläufigkeit geprägt war, faszinierte Mitstreiter und Rivalen. Seine ritterliche Abstammung und seine preußische Erziehung waren niemals zu leugnen. Huschke von Hanstein war ein Grandseigneur, wie er besser nicht hätte erfunden werden können.

Huschke von Hanstein 1990 vor Schloss Ludwigsburg: stets korrekt gekleidet und als Bindeglied zwischen Generationen von Menschen und Fahrzeugen.

Solitude Rennen Anfang der 1960er-Jahre: Huschke von Hanstein sammelte die Formel-1-Fahrer nach dem Samstags-Training ein und fuhr sie mit einem Porsche „Standard" zu sich nach Hause in die Kräherwald-Straße zum Abendessen.

Rennfahrer, Erfinder und Markenbotschafter

1938 wurde Huschke von Hanstein Motorsportmeister von Deutschland und im Jahr 1940 gewann er die Mille Miglia. Er etablierte die Marke Vespa in Deutschland und trug die Porsche-Erfolge in alle Welt, so dass noch erfolgreichere Teams deutlich weniger Beachtung fanden. Als die Porsche-Armada bei einem Grand Prix in Monaco die Plätze zwei bis vier belegte, erfand Huschke kurzerhand eine Markenweltmeisterschaft und verkündete in aller Welt, dass Porsche Markenweltmeister sei. Der eigentliche Sieger, ein Ferrari, geriet in Vergessenheit. Seine Art, Dinge möglich zu machen, führte zu seiner so großen Popularität, über Jahrzehnte und zudem international. So ist etwas überliefert, dass ein Brief mit der Aufschrift „Huschke von Hanstein, Germany" tatsächlich auch ankam.

Huschke von Hanstein zu Michael Schumacher: „So einen großartigen Kerl wie Dich hätten wir gerne als Sohn gehabt."

Jacky Ickx

36

Le Mans, das „Baby" und der 959 bei der Paris–Dakar

Der Belgier Jacky Ickx (geb. 1945) ist zweifacher Vize-Weltmeister in der Formel 1 (1969 und 1970), ging aber vor allem als erfolgreichster Langstreckenpilot aller Zeiten in die Geschichte ein. Auf sein Konto gehen alleine sechs Le-Mans-Siege: im Jahr 1969 für den größten Porsche-Konkurrenten John Wyer Automotive Engineering mit einem Ford GT 40; 1975 für Gulf Research Racing mit einem Gulf GR8; 1976 auf dem Porsche 936 mit Gijs van Lennep; 1977 mit Jürgen Barth und Hurley Haywood auf dem 936/77; 1981 mit Derek Bell auf dem 936/81 sowie 1982 auf dem 956, ebenfalls zusammen mit Derek Bell.

Der 1945 geborene Belgier Jacky Ickx gilt als erfolgreichster Langstreckenpilot aller Zeiten.

Neben diesen vier bedeutenden Le-Mans-Siegen für Porsche und dem Gewinn der Langstrecken-Weltmeisterschaft für den Sportwagenhersteller im Jahr 1982 begleitete Ickx für Porsche auch zwei technisch brisante Epochen. Auf diese Weise entstand 1977 für die kleine Division der Deutschen Rennsport-Meisterschaft (DRM) eine Zwei-Liter-Ausführung des 935. Damit wollte Porsche auf die Sticheleien der Medien reagieren, die in den Raum gestellt hatten, dass die kleineren Hubraumklassen nun endgültig der Vergangenheit angehören würden.

Mit dem liebevoll „Baby" genannten Rennwagen stellte Porsche sein Potenzial schließlich auch in diesem Segment eindrucksvoll unter Beweis. Innerhalb von nur vier Monaten baute das Team den mit 735 kg leichtesten 911, den es jemals gab. Befeuert wurde das Leichtgewicht von einem 1,4 l großen und 370 PS starken Turbomotor. Nach zwei spektakulären Rennen mit Jacky Ickx am Steuer rollte das Projekt im Museum aus.

Der Gewinn der Langstrecken-Weltmeisterschaft für Porsche gehörte zu den Highlights seiner beispiellosen Rennfahrerkarriere.

Mitte der 1980er-Jahre schließlich engagierte sich Ickx für das Paris-Dakar-Projekt mit dem 959 Gruppe B mit Register-Turboaufladung und Allradantrieb. Porsche konnte 1986 einen Doppelsieg feiern, Ickx wurde Zweiter. Den Sieg im Wüstenrennen musste der Belgier dem Routinier René Matge überlassen.

Bis heute ist Jacky Ickx Porsche stark verbunden und bei der einen oder anderen Veranstaltung als Repräsentant anzutreffen.

Herbert von Karajan

37

Lifestyle, damals

Herbert von Karajan (1908–1989) war Musiker, Intendant, Produzent und Regisseur. Ein Genie: bewundert, aber auch gefürchtet. Er kümmerte sich mit unerschöpflicher Energie um jedes noch so kleine Detail, was regelmäßig in großartigen Inszenierungen seines Orchesters gipfelte. Mit den Berliner Philharmonikern trat Karajan von 1955 an als Chefdirigent auf den Weltbühnen von Berlin bis Tokio auf. Salzburg, seine Heimat, nahm dabei immer eine besondere Rolle ein. Hier hob der Dirigent vor 50 Jahren die Osterfestspiele aus der Taufe.

Der rasende Dirigent

Karajan hatte aber auch stets ein Faible für Porsche. Es war vor allem der Klang des luftgekühlten Boxermotors, den er verehrte. „Dieser Klang ist nur durch Wagners ‚Walküre' zu übertrumpfen", soll er bei einer Fahrzeugabholung gegenüber dem damaligen PR-Chef Huschke von Hanstein geäußert haben.

Dem 356 Speedster folgte der 550 A Spyder. Herbert von Karajan besaß einige der schnellsten Porsche.

Mit derselben akribischen Autorität, mit der er als weltberühmter Dirigent seine Klangvorstellungen zur Freude aller Musikliebhaber umsetzte, ließ Karajan auch seine Fahrzeuge bei Porsche gestalten.

Als er 1974 eine Sonderanfertigung des neuen Typ 930 bei der Porsche-Sonderwunschabteilung in Auftrag gab, machte er unmissverständlich deutlich, dass er sich eine leichtere und noch sportlichere Variante des Serienfahrzeugs wünschte. Der Elfer sollte weniger als 1000 kg wiegen, das Leistungsgewicht deutlich unter 4 kg pro PS liegen – bei 260 PS und 1140 kg Gewicht des regulären Modells keine einfache Modifikation.

Bedeutende Momente: Auch bei den Präsentationen der Renn-Prototypen war Karajan (rechts im Bild neben dem 917) zu Gast. Ganz rechts auf dem Foto ist Helmuth Bott zu sehen.

Der Fuhrpark des Klanggenies

Es war der damalige Porsche-Chef Ernst Fuhrmann, der sich um die Sonderwünsche des prominenten Kunden kümmerte. Karajans Turbo wurde mit dem Rennsport-Chassis des RSR und der Karosserie des Carrera RS, mit Rennfahrwerk und Überrollbügeln ausgerüstet. Für den Innenraum galt rigoroser Verzicht: statt einer Rückbank das Stahlgestell des Überrollkäfigs. Der Leichtbau ging so weit, die Türöffner gegen schlanke Lederriemen auszutauschen, die die Schlösser durch Ziehen entriegelten. Für die Lackierung in den Martini-Racing-Farben des 911 Carrera RSR Turbo 2.1, der bei den 24 Stunden von Le Mans 1974 Platz zwei belegt hatte, holte Porsche eigens die Erlaubnis des Wermutherstellers Rossi ein.

Über die Jahre fuhr Herbert von Karajan einen Porsche 356 Speedster (ab 1955), einen 550 A Spyder, zwei 959 und mehrere 911, darunter ein 911 S 2.4, und eben diesen einmaligen RSR.

Kardex

38

Das heilige Stück Papier

Der Kardex ist auf den ersten Blick nichts weiter als eine Pappkarte. Auf der Kardex-Karte wurden von Porsche der Auslieferungszustand mit Motornummer, Getriebenummer Zündschloss- und Schlüsselnummer, Außenfarbe, Polsterung und Reifenmarke mit Größe festgehalten. Eigentlicher Grund für das Führen dieser Karte war, dass man so Garantieleistungen dokumentieren konnte. Aber auch die Sonderausstattung wie Standheizung, Schiebedach, Sportsitze usw. sind hier dokumentiert. Außerdem sind auf der Kardex-Karte meistens der ausliefernde Porsche-Händler vermerkt. Die wichtigste Angabe aber war das Auslieferungsdatum. Damit wird ein gut ausgefüllter Kardex zu einem wesentlichen Bestandteil der Dokumentation eines Porsche-Oldtimers. Diese Pappkarten sind aufgrund des Datenschutzes auf offiziellem Weg heute nicht mehr zu bekommen.

Das Porsche Classic Technisches Zertifikat, das heute von der Porsche AG erhältlich ist, enthält weniger Informationen. Vor allem aber gibt Porsche keine Motor- und Getriebenummern bekannt, wenn diese nicht vom Antragssteller korrekt genannt wurden. Reicht der Besitzer (die Besitzverhältnisse müssen bei der Anfrage nachgewiesen werden) Fotos der jeweiligen Nummern ein, werden diese nach Prüfung aber bestätigt. Mit dieser zurückhaltenden Vorgehensweise will es Porsche Fälschern schwerer machen, Matching-Number-Fahrzeuge zu bauen. Solche nummerngleiche Fahrzeuge werden nämlich deutlich höher gehandelt und potenzielle Käufer fragen als Erstes nach dem „Matching". Gerade bei Rennwagen ist diese Matching-Manie aber unsinnig, da Rennmotoren damals – schon aus Zeitnot zwischen den Rennen – weniger repariert, sondern einfach getauscht wurden.

Kardex hieß der Hersteller der Aufbewahrungskästen (und der Karten selbst) für die heute so begehrten Auslieferungskarten. Im Porsche-Archiv werden diese noch gelagert.

Harm Lagaaij

Mit Leidenschaft

39

Harm Lagaaij machte sich in seinen über 15 Dienstjahren um Porsche sehr verdient. Seine Design-Philosophie und sein Können trugen zum hohen Ansehen des 911 auf allen Märkten der Welt und damit zum Erfolg des gesamten Unternehmens bei.

Seine berufliche Karriere begann Lagaaij 1967 bei Olyslager im holländischen Soest. Bereits ein Jahr später stellte ihn der Fahrzeughersteller Simca ein. 1971 kam es dann zur ersten Begegnung mit Porsche. In der Designabteilung in Weissach gestaltete er in den folgenden Jahren vor allem an den Modellen 924 und 911 mit. 1977 erfolgte der Wechsel als Design Manager zur Ford Werke AG nach Köln, wo er im Advanced Design der Baureihen Escort, Sierra und Scorpio arbeitete. Der nächste Karrieresprung gelang 1985: Bei der BMW Technik GmbH in München übernahm Lagaaij die Position des Chefdesigners, wo er maßgeblich an der Entwicklung des Z1 beteiligt war. Seit Januar 1989 leitete Lagaaij die Hauptabteilung „Style Porsche" in Weissach, die für das Design aller Porsche-Modelle sowie die Kundenentwicklung verantwortlich ist. Unter seiner Führung entstand sowohl die Designstudie als auch die spätere Form des Boxster, der im Herbst 1996 auf den Markt kam und nach schweren Jahren der Krise den wirtschaftlichen Turnaround von Porsche einleitete. Auch der 911 der Baureihe 996 und der Cayenne tragen Lagaaijs Handschrift. Seine Laufbahn krönte er schließlich mit dem Hochleistungssportwagen Carrera GT, dessen Design mit zahlreichen internationalen Preisen ausgezeichnet wurde.

Designer Harm Lagaaij ist heute noch begeisterter Rennfahrer und leidenschaftlicher Motorradpilot.

Der Niederländer ging am 1. Juli 2004 in den Ruhestand, verwirklichte danach seine Rennwagenprojekte (Sportprototypen) und ist bis heute leidenschaftlicher Motorradfahrer. Transportiert wird seine Super Moto übrigens auf einem an seinem Cayenne angebrachten Gestell.

Anatole Carl Lapine

40

Der Vater des 928

Anatole Carl Lapine (1930–2012), langjähriger Chefdesigner von Porsche, verstarb am 29. April 2012 in Baden-Baden. Er leitete von 1969 bis 1988 das Designstudio Style Porsche.

Geboren wurde Lapine am 23. Mai 1930 im lettischen Riga. Nach Kriegsende absolvierte er bei Daimler-Benz in Hamburg eine Lehre zum Autoschlosser und besuchte im Anschluss die Hamburger Wagenbauschule. 1951 ging Lapine in die USA, wo er ein Jahr später bei General Motors in der Karosserie-Vorausentwicklung begann. In diesen Jahren entdeckte der Designer auch seine Liebe zu Oldtimern und verbrachte einen Teil seiner Freizeit mit vornehmlich britischen Roadstern. 1965 kehrte Lapine nach Deutschland zurück und übernahm bei Opel die Leitung des Research Center.

Zwei Jahrzehnte prägend fürs Design

Am 15. April 1969 wechselte Lapine als Leiter der Styling-Abteilung zu Porsche und überraschte die Besucher seines Büros mit einer außergewöhnlichen Dekoration: einer MV Agusta 750 S von 1972, einer Motorradikone. Neben dem Design des Porsche 911 der so genannten G-Serie mit dem „Faltenbalg" entstanden unter Lapines Leitung zahlreiche neue Porsche-Modelle wie 924, 928 und 944. Auch diverse Designprojekte der Porsche Engineering-Kundenentwicklung wurden von Anatole Lapine und seinem Style-Team realisiert.

Anatole Lapine (4. von rechts) mit seinem Designteam hinter der Studie des Porsche 928

Le Mans

41

Bisher 19 Gesamtsiege für Porsche – das Unternehmen kehrt 2023 zurück

Von 1951 an haben Sportwagen aus Stuttgart ununterbrochen beim Langstreckenklassiker an der Sarthe teilgenommen. Seit 2017 schlagen nach dem dritten Erfolg in Serie 19 Le-Mans-Gesamtsiege für Porsche zu Buche. Der 919 Hybrid wurde damit auch zu einem der erfolgreichsten Porsche-Rennwagen überhaupt, mit je drei Weltmeistertiteln für Fahrer und Hersteller.

Zäumen wir die Geschichte von hinten auf: Die Ära der Porsche 956/962, die 1982 mit einem Paukenschlag begann und 1996 ihren letzten Höhepunkt fand. Der Einfachheit halber sortieren wir den Sieg 1994 auch hier ein, schließlich hatte das Siegerauto, ein GT, einen 962-Motor.

Beispiellose Erfolgsgeschichte

1969 begann das Zeitalter der legendären Zwölfzylinder-Porsche 917, die fast alles gewannen, was bei Sportwagenrennen zu gewinnen

Einer von nur zweien: 550 Le Mans Coupé von 1953 mit dem endgültigen Heck.

Formationsflug in Le Mans 1982: Platz 1 bis 3 mit den Porsche 956

war und Porsche in Le Mans 1970 den ersten Gesamtsieg einbrachte. Es war eine unglaubliche Zeit in Le Mans, zählen wir die großen Auftritte der 935/936 bis 1981 mit dazu.

Dann bleiben noch die Jahre davor, die 1951 mit dem Start des ersten Porsche vom Typ 356 begannen und 1968 mit den 907 und 908 ihr Ende fanden.

Herbert Linge

42

Das Urgestein

Im Jahr 1943 begann Herbert Linge (geb. 1928) bei Ferdinand Porsche als Lehrling, bevor er in Esslingen ein Ingenieursstudium absolvierte. Im September 1950 nahm Porsche nach der Interimszeit in Gmünd die Produktion in Stuttgart-Zuffenhausen wieder auf. Linge gehörte zu den ersten 50 Mitarbeitern. Anfang der 1950er reiste er mit dem damaligen Rennleiter und PR-Chef Huschke von Hanstein und Spitzenfahrern wie Hans Herrmann nach Südamerika, um den Namen Porsche durch Renneinsätze in alle Welt zu tragen – er fährt Anfangs von Rennen zu Rennen, um die Fahrer zu unterstützen. Darüber hinaus organisierte er in den USA den Porsche-Kundendienst.

Dass Linge gut, schnell und sicher Auto fahren konnte, wusste man bei Porsche aus dem Versuchsbetrieb heraus sehr gut. Seine Rennerfolge beispielsweise bei der Lüttich–Rom–Lüttich brachten ihm den Ruf als Langstreckentyp ein. Linge war ein Fahrer, der sich seine Kräfte sehr genau einteilen konnte und der nach 48 Stunden immer noch sehr schnell fuhr. Neben zahlreichen Klassensiegen zwischen 1955 und 1959 konnte er zusammen mit Paul Ernst Strähle im Jahr 1960 die Tour de Corse gewinnen und 1962 die Targa Florio mit Hans Herrmann. 1970 steuerte Linge beim 24-Stunden-Rennen in Le Mans den Porsche 908, aus dem der gleichnamige Film von Steve McQueen gedreht wurde.

Forever young: Herbert Linge mit 90 im Jahr 2018 auf der Targa Florio.

Lohner-Porsche

Das Jahr 1900 mit Radnabenmotor

Mit der Konstruktion eines Elektromotors an der Radnabe legte Ferdinand Porsche etwa im Jahr 1899 den Grundstein für wegweisende Erfindungen. Im Jahr 1900 wechselte Porsche von Egger zur Wiener Kutschenwagenfabrik Lohner & Co., um Elektro- und Hybridwagen zu bauen.

Star auf der Pariser Weltausstellung

Der nächste Elektorwagen bekam lenkbare Vorderräder mit Radnahmenmotoren. Diese Konstruktion erregte auf der Pariser Weltausstellung im Jahr 1900 viel Aufsehen. Es handelte sich um den ersten problemlosen Vorderradantrieb der Automobilgeschichte und somit um die Grundvoraussetzung für einen Allradantrieb. Ferdinand Porsche und Lud-

Brückenschlag zur Mission E: Bereits 1898 präsentierte Ferdinand Porsche das Egger-Lohner-Elektromobil Modell C.2 Phaeton.

Ferdinand Porsche war aber auch Pionier des Hybridantriebs. Der „Semper Vivus" war das erste funktionsfähige Hybridautomobil der Welt.

wig Lohner wurden in der Patentschrift Nummer 19654 beim Kaiserlich Königlichen Patentamt für die Konstruktion „Antriebslenkrad mit Elektromotor" eingetragen.

Weitere Erfindungen folgen

Porsches Radnabenmotor kam ohne Getriebe und Antriebswellen aus. Der Antrieb arbeitete daher ohne mechanische Reibungsverluste mit dem traumhaften Wirkungsgrad von 85 Prozent. Dieser Porsche-Erfindung bediente sich letztendlich sogar die NASA, als ihr Mondauto zur Erforschung unseres Erdtrabanten beitrug. Mittlerweile setzen internationale Automobilkonzerne bei ihren Entwicklungsprojekten künftiger emissionsfreier Fahrzeuge auf diese Technik. Der Porsche Hybridantrieb hatte zwei Verbrennermotoren, um Strom zu erzeugen und somit die Reichweite zu verlängern.

Luftgekühlt

44

Porsche kann so lässig sein

Während bei etablierten deutschen Porsche-Clubtreffen gern über die historisch korrekten Unterlegscheiben und ihre Materialbeschaffenheit diskutiert wird, gibt es inzwischen eine wesentlich lockerere und sympathischere Szene – generationsübergreifend. „Luftgekühlt" heißt die neue Bewegung aus Kalifornien.

Ein Treff für Kultfahrzeuge

Porsche-Werksfahrer Patrick Long organisierte im Jahr 2014 gemeinsam mit Howie Idleson das erste Porsche-Treffen mit dem signifikanten deutschen Namen. Gemäß der Wunschzielgruppe fand die Erstausgabe in Venice statt, unweit des bekannten Venice Beach an der Küste von Los Angeles. „Es war ein lockeres und tolerantes Porsche-Treffen", erklärte Patrick, während er auf der Rückfahrt von der Porsche Rennsport Reunion nach Los Angeles auf der Number 1 seinen Porsche 911 2.4 E tankte.

Inszenierte Leidenschaft

Das lässige Konzept traf einen Nerv und bekam von Jahr zu Jahr Zulauf, mittlerweile ist „Luftgekühlt" ein globales Phänomen. Im Frühjahr 2018 kamen zur kalifornischen Ausgabe mehr als 600 Autos, Ende August kam das Treffen nach England, auf den Militärflughafen von Bices-

Mike Tempels aus Belgien importierte diesen wunderschön patinierten 356 aus Alaska und machte ihn in unzähligen Arbeitsstunden wieder fahrbereit.

Porsche-Kenner pilgern zu den „Luftgekühlt"-Treffen. Jedes einzelne Exponat dokumentiert ein Stück Porsche-Geschichte.

ter Heritage. Long ist stolz, dass „Luft" – wie das Event in der Szene genannt wird – auch ins Heimatland von Porsche wanderte. Die Erstausgabe war im September 2018 in München, im sehr stark industriell anmutenden Werksviertel. Mit zum Konzept von „Luftgekühlt" gehört es, dass alle Porsche von Rennfahrer und Fotograf Jeff Zwart so positioniert werden, dass die Exponate mit ihrer Umgebung harmonieren. Fahrzeug für Fahrzeug wird also inszeniert. Und diese Inszenierung macht sich bezahlt: Inzwischen findet man bei Instagram unter dem Hashtag #luftgekühlt über 125.000 Fotos.

Porsche-Werksfahrer Patrick Long gehört zu den Gründern der Bewegung „Luftgekühlt".

Der Macan

45

Der Sportwagen im SUV-Gewand

Porsche präsentierte die Modellreihe Macan im November 2013 – und zwar in den Varianten Macan S, Macan S Diesel und Macan Turbo. Als der Sportwagen im SUV-Gewand positioniert, vereinte er die typischen Porsche-Eigenschaften Fahrdynamik mit einem hohen Niveau an Komfort und Alltagstauglichkeit in einer niemals zuvor dagewesenen Art und Weise.

Und auch das Design bringt diesen Mix gekonnt zum Ausdruck, mit der flachen und breiten Optik, die kraftvolle Dynamik ausstrahlt. Bereits im ersten vollen Produktionsjahr 2014 wurden 48.569 Macan abgesetzt, also rund 25 Prozent der gesamten Porsche-Jahresproduktion.

Der Sportwagen unter den SUV: Der Macan Turbo lässt in Bezug auf Fahragilität keine Wünsche offen. Bald wird es diese Modellreihe nur noch mit Elektromotoren geben.

Martini

46

Das Getränk, der Motorsport und sogar ein Motorrad

Die Geschichte von Martini Racing begann im Jahr 1968. Kaum war das Werbeverbot für Rennwagen aufgehoben, starteten auf dem Hockenheimring die ersten Porsche mit dem Logo des Spirituosenherstellers. Das Martini-Racing-Team ging erstmals 1969 mit zwei Porsche 917K bei europäischen Langstreckenrennen offiziell an den Start. Wenige Monate später trugen bereits acht Porsche das markante Logo. Vier hellblaue und ein roter Streifen zogen sich auf dunkelblauem Grund über das Blechkleid. Die Grundfarbe der Rennwagen war meist Weiß oder Silber.1972 wechselte Martini mit dem italienischen Rennstall Tecno erstmals in die Formel 1 – ohne Erfolg, sodass sich Martini von 1974 an mit dem überaus erfolgreichen Carrera RS Turbo wieder in den Sportwagenklassen engagierte.

Die von Martini eingesetzten 917 K waren immer gut für Podestplätze; Rarität: Yamaha 1100-Motorrad mit eigens für Martini konstruierter Vollverkleidung.

Begehrte Sondermodelle

Was kaum einer weiß: Es gab in Zusammenarbeit mit Yamaha auch eine Martini XS 1100, mit einer eigenwilligen Vollverkleidung, bei der das obere Teil der Verkleidung mit dem Lenker mitschwenkte – erhältlich nur in der Lackierung weißblau-rot, limitiert auf 500 Stück für Europa. Nur 150 Exemplare kamen nach Deutschland. Und als Porsche im Jahr 2014 nach Le Mans zurückkehrte, gab es auf Basis des 911 Carrera S eine auf nur 80 Stück limitierte „Martini Racing Edition“ im Stil der 1970er-Jahre – in Schwarz oder Weiß. Wer keines der begehrten Fahrzeuge ergattert hatte, konnte sich trösten: mit einem rund 1100 Euro teuren Martini-Dekor für den 911.

Steve McQueen

47

Lifestyle, damals

Steven Terence „Steve“ McQueen, geboren am 24. März 1930 in Indiana, zählte in den 1960er- und 1970er-Jahren zu den renommiertesten Filmschauspielern der USA. Er brillierte in Filmen wie dem Western „Die glorreichen Sieben“, in Abenteuerfilmen wie „Papillon“ und in Action-Movies wie „Bullit“ und „Getaway“. Seine Leidenschaft aber waren Motorrad- und Autorennen. „Warten“ bezeichnete er in einem Interview als die Zeit zwischen den Rennen.

Weltweite Popularität erlangte Steve McQueen als Hauptdarsteller und Co-Produzent des Films „Le Mans“, der vom 24-Stunden-Rennen im Jahr 1970 handelte und am 9. Oktober 1971 uraufgeführt wurde. Er gilt neben

Lagebesprechung: Die Dreharbeiten zu dem Kultfilm verliefen teilweise tragisch. David Piper (rechts am 917) verlor sogar ein Bein.

Erich Glavitza – der Stuntman von Le Mans

Aus heutiger Sicht waren die Dreharbeiten in den 1970er-Jahren unglaublich. Es gab keine Simulationen und Computer-Animationen. Selbst die schweren Unfälle mussten realgetreu gedreht werden. Einer der waghalsigen Le-Mans-Stuntmänner war Erich Glavitza. Seine Leistungen für den Kultfilm wurden durch die Dreharbeiten für die Verfilmung „Remember Le Mans" in Erinnerung gerufen. Zusammen mit Regisseur Christian Giesser besuchte er nochmals die Drehorte und traf noch lebende Akteure des Produktionsteams. Darunter auch Peter Samuelson, den damaligen US-Filmproduzenten.

„Grand Prix" (1966) als einer der bekanntesten Rennsportfilme, obwohl er niemals ein Publikumserfolg war.

„Le Mans" war Kult

Der Film handelt von der Rivalität zwischen dem US-amerikanischen Rennfahrer Michael Delaney (Steve McQueen) auf einem Porsche 917 und seinem deutschen Rivalen Erich Stahler (Siegfried Rauch) auf einem Ferrari 512S, die sich auf der Rennstrecke von Le Mans ein erbittertes Duell liefern.

„Le Mans" vermittelt dem Zuschauer, auch durch einen teils dokumentarischen Stil, den Wagemut der Rennfahrer und die Gefahren, denen sie sich aussetzen. Und er gibt faszinierende Einblicke in den noch ursprünglichen Motorsport jener Epoche. Hinter den umfassenden und für diese Zeit spektakulären Rennaufnahmen treten Dialoge und Handlung allerdings zurück. So wird in den ersten 38 Minuten kein Wort gesprochen.

Zieleinlauf trotz Dreharbeiten

Große Teile des Filmes entstanden während des 24-Stunden-Rennens vom 13. und 14. Juni 1970. Der im Rennen teilnehmende Porsche 908/02, den McQueen zuvor in Sebring fuhr und der für die Dreharbeiten von Herbert Linge und Jonathan Williams gesteuert wurde, war mit drei Kameras ausgestattet, die während des Rennens über 10.000 Meter Filmmaterial aufnahmen. Durch die Wechsel der Filmrollen während der Boxenstopps verlor das Rennteam viel Zeit und wurde nicht gewertet, obwohl es zu den weniger als zehn Fahrzeugen gehörte, die die 24 Stunden durchhielten.

Hans Mezger

48

„Porsche und ich"

Hans Mezger zählt zu den wichtigsten Ingenieuren der Porsche-Unternehmensgeschichte. Während vier Jahrzehnten siegten Porsche-Rennwagen mit von Hans Mezger konstruierten Motoren und machten die Marke Porsche weltweit zu einem Synonym für Sportlichkeit.

Hans Mezger wurde am 18. November 1929 im schwäbischen Besigheim geboren. Er starb am 10. Juni 2020. Nach dem Abitur und einem Maschinenbaustudium begann er 1956 in der Motorenentwicklung bei Porsche. 1963 kam Mezger zum Team von Ferdinand Piëch, das den Sechszylinder-Boxermotor für den 356-Nachfolger damals final entwickelte. Bei dem Motor – er hieß damals noch Typ 821 – handelte es sich um eine komplette Neukonstruktion. Das neue Triebwerk sollte darüber

Es gab viele Konstruktionen, die Hans Mezger verantwortete, aber der TAG-Turbo gehörte zu seinen Meisterleistungen.

Gegenseitig geschätzt: Niki Lauda und Hans Mezger nutzen neben der Rennstrecke jede Möglichkeit, sich auszutauschen.

hinaus so konstruiert werden, dass es genügend Potenzial für leistungsstärkere Rennsportversionen aufwies.

Diese Vorgabe führte zu einer technischen Auslegung, durch die der Sechszylinder-Boxer das vielseitigste Triebwerk überhaupt werden konnte. Und trotzdem übertraf der Boxermotor alle Anfang der 1960er-Jahre aufgestellten Prognosen bei Weitem.

Eine beispiellose Motorenkarriere

Bis Ende der 1990er-Jahre diente die in der Piëch-Abteilung entstandene Konstruktion als Basis für alle Straßen- und Rennversionen mit allen Derivaten als Saugerversion oder in der aufgeladenen Turbo-Version.

Auftakt einer langen Serie von ihm konstruierter Rennmotoren war der 1,5-Liter-Achtzylindermotor des Formel-1-Rennwagens Porsche 804, mit dem Dan Gurney 1962 den Großen Preis von Frankreich und das Solitude-Rennen gewann. Während des darauffolgenden Jahrzehnts reichte das Arbeitsspektrum von Hans Mezger neben der Konstruktion des Sechszylinder-Boxermotors des Porsche 911 über die Entwicklung des luftgekühlten Zwölfzylinder-Triebwerks des Porsche 917 (1973 in der CanAm-Ausführung mit bis zu 1200 PS) bis hin zu erfolgreichen Rennwagenentwicklungen wie den Typen 935, 936 und 956/962.

Schöpfer legendärer Konstruktionen

Hans Mezger ist auch der Vater der Entwicklung aller Porsche-Turbomotoren. 1976 hat Porsche als erster Hersteller überhaupt den Langstreckenklassiker Le Mans mit einem aufgeladenen Triebwerk gewonnen. Die Turbo-Kompetenz Mezgers gipfelte im „TAG-Turbo made by Porsche" – ein Formel-1-Antrieb im Auftrag des Rennstalls McLaren, der aus nur 1,5-Liter Hubraum bis zu 1000 PS Leistung schöpfte. Von 1984 bis 1986 dominierte der im Entwicklungszentrum in Weissach produzierte Motor die Königsklasse des Rennsports und erzielte drei Formel-1-Weltmeisterschaftstitel in Folge. Nach 38 Jahren bei Porsche ging Hans Mezger 1994 in den Ruhestand. Der Marke Porsche blieb er jedoch auch darüber hinaus eng verbunden. Noch im September 2019 war er als Porsche-Vertreter zu Gast bei der Rennsport Reunion in Kalifornien/USA.

Von der Mission E zum Taycan

49

Aufbruch ins elektrische Zeitalter

Sechs Milliarden Euro Investitionsvolumen, 1200 neue Mitarbeiter, die Weiterentwicklung der Porsche Produktion 4.0 sowie eine beispiellose Wissensoffensive im gesamten Unternehmen – mit diesem klaren Bekenntnis zur Elektromobilität vollzieht der Sportwagenhersteller derzeit einen massiven Wandel. Im Unternehmen geht man davon aus, dass 2025 mehr als 50 Prozent der ausgelieferten Porsche-Modelle elektrifiziert sein werden.

Das Ziel: 100 Prozent nachhaltige Produktion

Dies bedeutet erhebliche Investitionen in die Produktion, in die Infrastruktur und in die Qualifizierung der Belegschaft. Hohe Effizienz steht auch bei der neuen Taycan-Produktion und -Montage in der neuen Fabrik am Stammsitz in Zuffenhausen im Fokus. Mit der sogenannten Flexi-Linie setzt Porsche als erster Fahrzeughersteller fahrerlose Transportsysteme in der Serienproduktion ein. Damit verbindet der Sportwa-

Formensprache Porsche, Technik Neuland. Mit der Studie Mission E begann das neue Zeitalter.

Porsche 99X Electric mit André Lotterer am Steuer.

genhersteller die Vorteile des klassischen Fließprinzips mit der Flexibilität einer wandlungsfähigen Montage. Der Taycan entsteht CO_2-neutral und das künftige Ziel in der Produktion ist generell die sogenannte Zero-Impact-Factory, also eine Fabrik ohne Umweltauswirkungen.

Ende 2019 ging der Taycan in Serie

Der Taycan setzt ebenso wie der dreifache Le-Mans-Sieger Porsche 919 Hybrid auf die innovative 800-Volt-Technologie. Sie gehörte beim 919 zu den wichtigsten Grundlagenentscheidungen – die Spannungslage stellt fundamentale Weichen für den gesamten Elektroantriebsstrang: von der Batterie über das Elektronik-Layout und die E-Maschinen bis hin zur Leistungsfähigkeit des Ladevorgangs. Entsprechend geeignete 800-Volt-Bauteile hat Porsche in Pionierarbeit eigens entwickelt und ging dabei an die Grenzen des technisch Machbaren – auch, was die flüssigkeitsgekühlte Lithium-Ionen-Batterie betrifft.

Intelligentes Lademanagement

Porsche hat die Batterie unter dem hohen Wettbewerbsdruck des Motorsports fortlaufend weiterentwickelt. Heute erreicht sie eine zuvor nicht gekannte Leistungsdichte. Für den Taycan bedeutet das: Die 800-Volt-Architektur im Fahrzeug stellt sicher, dass die Lithium-Ionen-

In Spanien wurden die Formel E-Boliden ausgiebig getestet.

Batterie in gut vier Minuten Energie für 100 km Reichweite (nach NEFZ) nachladen kann. Mit dem Einstieg von Porsche in die Formel E 2019/2020 erreicht dieser Wissenstransfer eine neue Stufe.

Mission E – Cross Turismo

Und es geht sofort weiter. Auch die Konzeptstudie Mission E „Cross Turismo“ ging in Serie. Somit entstehen in Zuffenhausen der zweite Elektrosportler und mit ihm 300 zusätzliche Arbeitsplätze.

Zum neuen Zeitalter bei Porsche gehörte auch die Teilnahme an der Formel E ab der Saison 2019/2020. Im April 2019 fanden die ersten längeren Testfahrten auf dem Circuit Calafal in Spanien statt. In drei Tagen haben die E-Fahrzeuge über 1000 Testkilometer abgespult, am Steuer der Schweizer Porsche-Werksfahrer Neel Jani sowie der Test- und Entwicklungsfahrer Brendon Hartley. Der Neuseeländer begleitete bereits die gesamte Simulationsarbeit in Weissach und fieberte geradezu auf die ersten Testfahrten im Realbetrieb.

Die erste Saison verlief eher mittelmäßig. Trotzdem bekannte sich Porsche auch für die nachfolgende Saison zur Formel E.

Gerhard Mitter

50

Porsche-Werksfahrer, Rennwagen-Konstrukteur und der erste Tuner des 911

Gerhard Mitter (1935–1969) war eine der herausragenden Rennfahrer-Persönlichkeiten der 1950er- und 1960er-Jahre. Als Teamkollege, Co-Pilot oder Konkurrent ging er mit Fahrern wie Vic Elford, Hubert Hahne, Herbert Linge, Jochen Rindt, Ludovico Scarfiotti oder Udo Schütz an den Start. Mitter hatte in Böblingen eine Werkstatt, in der er ab Mitte der 1960er-Jahre auch Porsche tunte.

Rennsportlegende und Konstrukteur

Meisterstück war der 911 von 1965, mit der Eberhard Mahle die Europa-Bergmeisterschaft gewinnen konnte. In der Spitze zauberte Mitter 185 PS aus dem Zweiliter-Sechszylinder, anstatt der serienmäßigen 130 PS, und legte mit dem Aufzeigen dieses Potenzials auch den Grundstein für den 911 R. Gerhard Mitter war aber auch Konstrukteur und fertigte Monoposti für die im Jahr 1959 in Deutschland neu eingeführte

Genfer Autosalon 1969: Ferdinand Piëch und Gerhard Mitter (links) präsentierten den neuen Sportprototypen 917.

Konzentriert. Gerhard Mitter war Ende der 1960er-Jahre Porsche-Werksfahrer Nummer 1 und verwies seine Gegner meist auf die hinteren Plätze.

Formel Junior-Klasse – und fuhr diese selbst von Sieg zu Sieg. Die Mitter-Rennwagen wurden von DKW-Dreizylinder-Zweitaktmotoren befeuert. Im Jahr 1960 gab es mindestens drei Mitter-Monoposti (die genaue Anzahl ist nicht überliefert).

Werksfahrer und Repräsentant

Als Werksfahrer heimste er zahlreiche Erfolge ein. Nach einem respektablen vierten Platz auf einem unterlegenen Porsche 718 beim Grand Prix von Deutschland auf dem Nürburgring bot man ihm einen Vertrag als Porsche-Werksfahrer an. Und er bewies sein Können: In den Jahren 1966, 1967 und 1968 wurde er mit den „Sportgeräten" aus Stuttgart-Zuffenhausen Europa-Bergmeister. Seinen größten Erfolg feierte er im Jahr 1969 mit Udo Schütz bei der Targa Florio auf Sizilien. Porsches Hoffnungen ruhten auf dem Leonberger. Zusammen mit Ferdinand Piëch präsentierte Mitter vor 50 Jahren, im März 1969, auf dem Automobilsalon in Genf den Porsche 917. Doch es sollte nur noch zu Testfahrten kommen. Beim Training zum Grand Prix in Deutschland am 1. August 1969 kam Gerhard Mitter in einem BMW Formel 2 bei Tempo 250 von der Strecke ab und verunglückte tödlich.

Museum

51

Tradition verpflichtet

Das neue Porsche-Museum feierte im Januar 2019 sein Zehnjähriges. Der spektakuläre Neubau direkt am Stuttgarter Porscheplatz geht auf einen Entwurf des Wiener Architekturbüros Delugan Meissl Associated Architects zurück. Bei dem offenen Museumskonzept steht der Dialog mit den Menschen im Vordergrund. Die Basis bilden 80 ausgestellte Exponate, wobei immer wieder hochkarätige Sonderausstellungen gezeigt werden wie „50 Jahre Porsche 917 – Colours of Speed" (2019) mit zehn Fahrzeugen des Rennboliden, darunter der Wagen mit der Chassis-Nummer 001.

Blick in die Museumswerkstatt

Eine Attraktion des Museums ist auch die Werkstatt für den eigenen Fuhrpark im Erdgeschoss, die durch eine gläserne Trennwand einzusehen ist. So kann der Besucher vom Foyer aus die Arbeit an Porsche-Klassikern mitverfolgen. Im Jahr 2018 sorgte das Team um Kuno Werner mit der Restaurierung eines Porsche 901 für Furore. Hauptarbeit ist aber die Vorbereitung der Exponate für die weltweiten Einsätze. Mit über 2000 Fahrzeugbewegungen im Jahr gehören die Museumsfahrzeuge zu den weltweit wichtigsten Markenbotschaftern des Unternehmens.

Architektonische Meisterleistung als Zentrum für die weltweite Kommunikation der Porsche-Historie.

Nachhaltigkeit

52

Die besondere Umweltbilanz

Mehr als 70 Prozent aller jemals gebauten Porsche-Fahrzeuge fahren heute noch. Und Porsche sorgt mit einer umfassenden Teileversorgung dafür, dass das auch so bleibt. In Sachen Umweltbilanz ist Porsche vorbildlich. Denn bei der Gewinnung der Rohstoffe, die zur Fahrzeugherstellung benötigt werden, entstehen erhebliche Umweltschäden; zudem werden in den Produktionshallen zahlreiche problematische Stoffe eingesetzt. Ähnlich herausfordernd kann das Recycling sein. Deshalb sollten Fahrzeuge so lange wie möglich genutzt werden, sofern das vom Verbrauch und von den Abgaswerten her sinnvoll ist. Und das ist bei Porsche durchaus der Fall.

Von jeher sparsam und emissionsarm

Zum einen waren Porsche-Fahrzeuge aufgrund des hohen Exportanteils in die USA von den Emissionen her schon immer vorbildlich, da stets die strengen Vorgaben von Kalifornien erfüllt wurden. Und Porsche-Fahrzeuge waren aufgrund des optimierten Leistungsgewichts auch immer sparsam im Verbrauch. Selbst die inzwischen 40 Jahre alten G-Modelle können mit 10 l/100 km oder gar darunter gefahren werden. Und schnelle Vollgaspassagen gehören aufgrund des deutlich gestiegenen Fahrzeugwerts längst zur Ausnahme.

Eine Umweltbilanz, die sich sehen lassen kann

Porsche setzt bei der Produktion Maßstäbe: FCKW kommt gar nicht mehr zum Einsatz; der Anteil der Mehrwegverpackungen stieg in den letzten Jahren auf fast 90 Prozent; die Abwassermengen der Lackiererei sanken seit 1988 um 75 Prozent, der Wasserverbrauch insgesamt sank in den letzten zehn Jahren um 60 Prozent; die Lösungsmittelemissionen reduzierten sich allein seit 1995 um rund 60 Prozent; die Menge der nicht recyclebaren Abfälle verringerte sich seit 1992 um rund 25 Prozent und: Asbest, Kadmium, Blei und andere Schwermetalle konnten ganz aus der Produktion eliminiert werden.

Und ganz aktuell konnte am 5. April 2019 verkündet werden: In seiner Produktion und Logistik hat der Sportwagenhersteller den CO_2-Ausstoß pro Fahrzeug seit 2014 um mehr als 75 Prozent reduziert. Den entsprechenden Energieverbrauch hat Porsche im selben Zeitraum um etwa 31 Prozent gesenkt.

Nürburgring-Nordschleife

Fabelrunden

53

Am 29. Juni 2018 umrundete Timo Bernhard die 20,8 km lange Nürburgring-Nordschleife mit dem Porsche 919 Hybrid Evo in 5 Minuten und 19,55 Sekunden und unterbot damit den seit 1983 geltenden Rundenrekord von Stefan Bellof im Porsche 956K, damals der erste Fahrer, der einen Schnitt von über 200 km/h fuhr.

Die Evo-Version des Porsche 919 Hybrid basierte auf dem Le-Mans-Gesamtsiegerwagen und WEC-Langstrecken-Weltmeisterwagen der Jahre 2015, 2016 und 2017. Er wurde von einigen Reglementrestriktionen befreit.

Rekordfahrten in Serie

Der Hybridantriebsstrang erzeugt eine Systemleistung von 1160 PS; der Evo wog bei der Rekordfahrt nur 849 kg und seine modifizierte Aerodynamik ermöglichte über 50 Prozent mehr Abtrieb im Vergleich zum WEC-Modell. Die Spitzengeschwindigkeit am Nürburgring betrug 369,4 km/h. Zum Vergleich: Porsche konnte im Jahr 2018 in Zusammenarbeit mit Manthey-Racing einen weiteren Rekord auf der Nürburgring-Nordschleife aufstellen. Am Donnerstag, dem 25. Oktober 2018, umrundete der 700 PS starke Porsche GT2 RS MR die 20,8 km lange Strecke in 6 Min. und 40,3 Sekunden. So schnell war zuvor noch kein straßenzugelassenes Fahrzeug in der „Grünen Hölle“.

Am Steuer des von Porsche-Ingenieuren und Manthey-Racing-Experten speziell auf die Nordschleife abgestimmten Sportwagens saß Lars Kern. Der Porsche-Testfahrer hatte im September 2017 im serienmäßigen Porsche 911 GT2 RS schon einmal einen Rundenrekord aufgestellt.

Langjähriger Rekord von Stefan Bellof eingestellt: Timo Bernhard im 919 Hybrid auf dem Weg zum absoluten Rekord.

Onassis

54

Tom Gädtke und die Liebe zu Porsche

Porsche hält an den eigenen Grundwerten fest. Das steht außer Frage und hat die Marke in den letzten Jahrzehnten zu einer Erfolgsstory ohne Beispiel gemacht. Die Kunst ist nun, dies zu erhalten. Keine leichte Aufgabe, denn die Vorzeichen dafür sind im Wandel. Für die Käufergruppe von morgen sind Prestige und Performance nicht mehr so wichtig. Ein cooles Lebensgefühl vielmehr schon. Weg vom Purismus hin zum Lifestyle. Authentische Fans der Marke wie Tom Gädtke transportieren diese neuen Werte. Mit großem Erfolg.

Der heute 41-jährige aus Recklinghausen gründete im Jahr 2015 seinen Brand „Onassis". „Ziel ist eine offene Interpretation des Lebensgefühls basierend auf den Grundwerten der Marke Porsche", führt der ehemalige Veranstaltungsmanager weiter aus. Alles begann mit seinem „Tunnel Run"-Konzept. In der Erstausgabe genossen 18 Porsche-Enthusiasten den unverwechselbaren Sound von Porsche-Boxermotoren, der von den Wänden einiger der beliebtesten Tunnel der Region widerhallte. Zuletzt 2020 veranstaltete Gädtke Events an besonderen Veranstaltungsorten. Zu diesen Pop-up-Events strömen etwa 350 Porsche aus ganz Europa. 2021 ist es wieder soweit. Die Onassis-Weltausstellung findet am 4. September 2021 in einem Bauhaus-Industrieareal in Krefeld statt, mit vielen besonderen Fahrzeuginszenierungen. Die Aktivitäten sind vielfältig und umfangreich. Logischer Schritt war dann im Frühjahr 2020 der Wechsel aus der Werkstatt (Gädtke hatte zuvor sechs Jahre lang an klassischen luftgekühlten Porsche-Fahrzeugen gearbeitet) in eine Agentur, um gemeinsam mit seinen Kollegen die bunten Themenwelten rund um Events, Film und Foto noch besser bespielen zu können. Aus seinen Veranstaltungen ist in dem neuen Konstrukt inzwischen auch die „Sight" hervorgegangen. Ein ausschließlich englischsprachiges Magazin über Porsche, das zweimal jährlich erscheint.

Zeitgeist: Die Porsche-Fangemeinde möchte lockere Zusammenkünfte und coole Locations.

Outlaw-Fahrzeuge

Ein Dokumentarfilm macht den Begriff bekannt

55

Das englische Wort „outlaw“, zu Deutsch Gesetzloser, wurde in der Porsche-Szene durch den Dokumentarfilm „Urban Outlaw“ durch den Designer und Porsche-Fan Magnus Walker bekannt. Heute ist Outlaw ein Synonym für klassische Porsche, die optisch und/oder technisch getunt sind. Dabei folgen die Autos nicht den klassischen Vorbildern, sondern sie interpretieren diese nur. Spezifische Merkmale wie motorsportliche Anmutungen – durchbohrte Türgriffe oder spezielle Lüftungsschlitze in der Motorklappe – sind „Erfindungen“ von Walker.

Und was jeden Walker ausmacht: Die Stoßfänger vorne und hinten haben jeweils eine andere Farbe. Früher meist ein Zeichen dafür, dass man sich zum Wechsel von Karosserieteilen die farbliche Anpassung nicht leisten konnte.

Bisher galt es als Sakrileg, originale Porsche-Teile zu bearbeiten oder sich derart farblich auszutoben. Walker interessierte das nicht und er brach diese Tabuthemen bewusst auf. Und das war auch gut so. Die Porsche-Szene galt zunehmend als „verkrustet“. Mit den Magnus-Walker-Kreationen, den Outlaws, stieg das Interesse von jungen Menschen an der Marke deutlich – zusätzlich gehypt in den sozialen Netzwerken.

Gefällt, weil's Spaß macht: Modifikationen dienen oft der sportlicheren Note.

Outlaw – Magnus Walker

56

Mister 911 des Lifestyles

Der Brite mit Wahlheimat Los Angeles mischte in den letzten Jahren die 911-Szene mächtig auf. Magnus Walker (geb. 1967), Modedesigner mit guten Kontakten nach Hollywood, hat eine eindrucksvolle Porsche-Sammlung mit über 30 Exponaten. Dazu gehört mindestens ein Fahrzeug jedes Modelljahres der F-Modelle von 1964 bis 1973 sowie alle frühen Turbo-Modelle. Neben den Originalfahrzeugen fertigt der Modemacher Fahrmaschinen nach seinem Geschmack, mit unterschiedlich lackierten Fahrzeugteilen und beispielsweise gebohrten Türgriffen, als Symbol für Leichtbau. Und das finden vor allem die Jungen „cool".

Magnus Walker vor einer seiner Interpretationen eines F-Modells. Farblich abgesetzte Karosserieteile sind praktisch Standard.

Auch mit seinem Aussehen will Walker so gar nicht in die klassische Elfer-Szene passen: Mit hüftlangen Dreadlocks und zerrissenen Jeans. Sein Bart wuchert, von beiden Armen leuchten farbenfrohe Tattoos. Magnus schneidert den Rockmusikern aus Los Angeles Klamotten, gründete 1994 mit seiner Frau Karen ein Modelabel und kleidet „von Alice Cooper bis Madonna" alle ein. Mit den Erlösen kauften beide in Downtown L. A. ein großes Industriegebäude und bauten es zu einem beeindruckenden Loft aus, das sie für Filmproduktionen vermieten. Das Geschäft brummt – und Magnus kann damit heute locker sein liebstes Hobby finanzieren. Mit seiner Biografie und seinen damit verbundenen Werbemaßnahmen hatte Walker im Jahr 2018 den Zenit erreicht.

Hummel und die Passion für Autos mit Patina

Der nächste Outlaw stand jedoch schon in den Startlöchern: Matt Hummel, der im kalifornischen Sacramento vom Einsatz gezeichnete Porsche sammelt: Sportwagenklassiker, die er ganz bewusst nicht restauriert, um das Authentische zu bewahren. Wer in den sozialen Netzwerken unterwegs ist, kennt den 40-Jährigen. Mit seinen stark patinierten Porsche 356 macht er die Hügel seiner kalifornischen Heimat unsicher – und wird dafür auf Instagram zigtausendfach geliked.

Erfolgsstory Panamera

57

Eine Idee setzt sich durch

Mit der Vorstellung des Panamera im Jahr 2008 setzte Porsche „endlich“ die Idee eines viertürigen Sportwagens konsequent um. Beginnend mit dem Typ 530, der Viersitzerversion des 356 von 1952, wurden immer wieder Vorstöße in Richtung vollwertige Rücksitze unternommen.

Eine Idee, die Gegensätze verbindet

So werden bei der ersten Begegnung mit dem Panamera denn auch gleich Erinnerungen wach an den viertürigen 928, den die Belegschaft ihrem Gründungsvater Ferry Porsche im Jahr 1984 schenkte. Zumal auch dieser Gran Turismo über einen Achtzylinder-Frontmotor verfügte.

Die Bezeichnung Panamera ist übrigens vom mexikanischen Langstreckenrennen Carrera Panamericana abgeleitet. Firmenintern wird der Viertürer unter der Produktionsbezeichnung Porsche 970 beziehungsweise dem Entwicklungskürzel G1 geführt.

Am 28. Juni 2016 stellte Porsche die zweite Generation des Panamera (Porsche 971) vor. Dabei wurden Modelle mit Allradantrieb und drei verschiedenen Motoren präsentiert. Aktuell gibt es Fahrzeuge zwischen 330 und 680 PS.

Großzügiges Raumgefühl: Der Panamera erschließt schon allein durch seine Größe neue Dimensionen.

Auch in der Produktion setzt der Panamera Maßstäbe

Die Fahrzeugplattform wurde von Porsche allein entwickelt. Täglich werden etwa 140 Rohkarosserien im Volkswagenwerk Hannover gefertigt und lackiert, ins Porsche-Werk Leipzig transportiert und dort endmontiert. Zur Gewichtseinsparung sind Motorhaube, Türen, vordere Kotflügel und die weit öffnende Heckklappe aus Aluminium.

Die Sonderedition des Panamera vom 2. Oktober 2019.

Ferdinand Piëch

58

Techniker und Manager ohne Beispiel

Ferdinand Piëch wurde 1937 als Sohn von Anton und Louise Piëch, der Tochter von Ferdinand Porsche, geboren. Er starb am 25. August 2019. Auch sein älterer Bruder Ernst Piëch, geboren 1929, ist in die Autowelt eingebettet. Er ist der Schwiegersohn von Heinz Nordhoff, dem ersten VW-Generaldirektor; sein jüngerer Bruder Hans-Michel (geb. 1942) weniger. Er ist Rechtsanwalt und Sprecher der Familie Piëch.

Ferdinand Piech mit Gattin Ursula auf der Internationalen Automobil-Ausstellung im Jahr 2013

Sein Antrieb: der Wunsch nach Leistung

Einfach war Ferdinand Piëch nie. Noch heute erinnern sich Mitarbeiter an seine Härte, viele haben ihn gefürchtet. Dafür aber machte er immer wieder schier Unmögliches möglich. Nehmen wir beispielsweise den Porsche 917, der 2019 sein 50-jähriges Jubiläum feiert. Piëch wollte für Porsche endlich einen Gesamtsieg – und er bekam ihn. Konsequent bis ins letzte Detail baute er den Über-Sportwagen: mit hohlgebohrten Schrauben, Magnesium und Balsaholz. So ein konsequenter Weg bringt aber auch Risiken mit sich, finanziell und im Fahrzeugbau. Die Kosten für die 25 Homologationsmodelle haben Porsche fast ruiniert, und die ersten Fahrzeuge galten als kaum zu bändigen. 50 Jahre später ist das längst Geschichte, sein Abgang bei VW noch nicht. Mit 80 Jahren brach Piëch alle Brücken ab, menschlich und finanziell. Ein bitteres Ende für einen genialen Automann ohne Beispiel.

Ingenieur mit Hang zu ambitionierten Rennwagen

Ferdinand Piëch studierte Maschinenbau an der ETH Zürich und begann bereits 1963 bei Porsche. Ab 1965 leitete er die Entwicklungsabteilung und wurde 1971 dann technischer Geschäftsführer. In dieser Zeit boxte Piëch auch konsequent das Projekt 917 durch und brachte Porsche mit diesem Über-Rennwagen den ersten und sehnlichst erwarteten Gesamtsieg.

Einstieg bei Audi: Vorsprung durch Technik

Anfang 1972 mussten sich aufgrund eines Familienbeschlusses alle Familienmitglieder aus der Geschäftsführung bei Porsche zurückziehen. Piëch gründete daraufhin in Stuttgart ein eigenes Konstruktionsbüro, wo er für Daimler-Benz das Fünfzylinder-Dieselaggregat entwickelte. Ab August 1972 verantwortete Piëch bei Audi Sonderaufgaben in der technischen Entwicklung und wurde 1975 in den Vorstand, zuständig für Technik, berufen.

Auf seine Initiative brachte Audi NSU 1976 den ersten Pkw mit Fünfzylinder-Ottomotor auf den Markt. Am 1. September 1983 wurde Ferdinand Piëch zum stellvertretenden Audi-NSU-Vorstandsvorsitzenden ernannt und übernahm am 1. Januar 1988 den Posten des Vorstandsvorsitzenden. Entscheidende Audi-Innovationen waren zu dieser Zeit unter anderem der permanente Allradantrieb und der TDI-Motor mit Dieseldirekteinspritzung, welcher 1989 auf den Markt kam.

Porsche Design

Gutes Design soll ehrlich sein

59

Im Rahmen der Umwandlung der Porsche KG in eine Aktiengesellschaft in den Jahren 1971/72 schied Ferdinand Alexander Porsche zusammen mit allen anderen Familienmitgliedern aus dem operativen Geschäft des Unternehmens aus. 1972 gründete er das „Porsche Design Studio" in Stuttgart, dessen Sitz 1974 ins österreichische Zell am See verlegt wurde. In den folgenden Jahrzehnten entwarf F. A. Porsche zahlreiche klassische Herren-Accessoires wie Uhren, Brillen und Schreibgeräte, die unter der Marke Porsche Design weltweit Bekanntheit erlangten. Parallel dazu gestaltete er mit seinem Team unter der Marke Design by F. A. Porsche eine Vielzahl an Industrieprodukten, Haushaltsgeräten und Gebrauchsgütern für international bekannte Auftraggeber.

Formvollendet und funktional

Porsches strenge und klare Gestaltungslinien sind typisch für alle Produktentwürfe, die in seinem Designstudio entstanden sind. „Design muss funktional sein, und die Funktionalität muss visuell in Ästhetik umgesetzt sein, ohne Features, die erst erklärt werden müssen", lautete das Credo für seine gestalterische Arbeit. „Ein formal stimmiges Produkt braucht keine Verzierung, es soll durch die reine Form erhöht werden", sagte Porsche einmal. Die Form sollte sich verständlich präsentieren und nicht ablenken vom Produkt und dessen Funktion. „Gutes Design soll ehrlich sein", lautete seine Überzeugung.

Ferdinand Alexander Porsche inmitten aller Porsche-911-xGenerationen bis zum 996

Ferdinand Alexander „Butzi“ Porsche

60

Der Funktionalist unter den Designern

Professor Ferdinand Alexander Porsche, der Schöpfer des Porsche 911 und zuletzt Ehrenvorsitzender des Aufsichtsrates der Porsche AG, ist am 5. April 2012 in Salzburg im Alter von 76 Jahren verstorben. Das von ihm entworfene Design für den Inbegriff der Marke prägt die berühmte Baureihe bis heute.

Geboren wurde Ferdinand Alexander Porsche am 11. Dezember 1935 in Stuttgart als ältester Sohn von Dorothea und Ferry Porsche. Bereits seine Kindheit war von Automobilen geprägt, er verbrachte viel Zeit in den Konstruktionsräumen und Entwicklungswerkstätten des Großvaters Ferdinand Porsche. 1943 übersiedelte die Familie zusammen mit dem Unternehmen nach Österreich, wo Ferdinand Alexander in Zell am See die Schule besuchte. Zurück in Stuttgart im Jahr 1950, besuchte er die freie

Der 911 ist ein Musterbeispiel für zeitloses Design, wie es F. A. Porsche (auf dem Foto schräg rechts hinter Ferry Porsche) liebt. Die Funktionalität steckt in vielen Details.

Waldorfschule. Nach dem Abschluss immatrikulierte er sich an der renommierten Hochschule für Gestaltung in Ulm.

Schöpfer des 911

1958 trat F. A. Porsche, wie er von seinen Mitarbeitern genannt wurde, in das Konstruktionsbüro der damaligen Dr. Ing. h. c. F. Porsche KG ein. Sein großes gestalterisches Talent stellte er schon bald unter Beweis, als er aus Plastilin das erste Modell eines Nachfolgers für die Baureihe 356 modellierte. 1962 übernahm Porsche die Leitung des Designstudios und sorgte im Folgejahr mit dem Porsche 901 (beziehungsweise 911) für weltweite Furore. Mit dem Porsche 911 schuf er eine Sportwagen-Ikone, deren ebenso zeitlose wie klassische Form bis heute in der inzwischen siebten Elfer-Generation weiterlebt. Daneben befasste sich Ferdinand Alexander Porsche in den 1960er-Jahren auch mit Rennwagen-Design. Zu seinen bekanntesten Entwürfen zählen der Formel-1-Rennwagen Typ 804 und der Porsche 904 Carrera GTS, der heute als einer der schönsten Rennsportwagen überhaupt gilt.

Bewegtes Leben: Der älteste Sohn Ferrys war am längsten im operativen Geschäft.

Unvergessliche Begegnungen mit „Butzi"

Für Autor Tobias Aichele hatte „Butzi" Porsche eine große Bedeutung. Der 911-Schöpfer gab in der Porsche-Villa im Feuerbacher Weg und im Designstudio in Zell am See bereitwillig Auskunft bei den Recherchen zu seinem Buch „Porsche 911 – Forever young".

„Design folgt der Funktion" und „Schwarz ist keine Farbe, sondern ein Anstrich für diejenigen, die sich für keine Farbe entscheiden können", sind Zitate, die von ihm bleiben werden. Ein Highlight seiner Bekanntschaft mit „Butzi" Porsche waren die Vorbereitungen einer Ausstellung zu Ehren des Kreativen im Design-Museum London im Jahr 1998, zu der Aichele als Leihgabe Porsches Ur-911 nach London überführte.

Wolfgang Porsche

61

Die Identifikationsfigur des Unternehmens

Der in Stuttgart geborene jüngste Sohn von Dorothea und Ferry Porsche gehört bereits seit 1978 – also seit 40 Jahren – dem Aufsichtsrat des Sportwagenherstellers an.

Familienbande: Wolfgang Porsche inmitten seiner Geschwister Mitte der 1950er-Jahre.

Früh Rennatmosphäre mitbekommen: Wolfgang Porsche in unmittelbarer Nähe seines Vaters Ferry

Dr. Wolfgang Porsche beeinflusste in den vergangenen Jahrzehnten alle wesentlichen Entscheidungen des Unternehmens maßgeblich. Hierzu zählen die strategische Neuausrichtung und Sanierung der Porsche AG im Jahr 1992, die Erweiterung des Produktportfolios um zahlreiche neue Modelle und Baureihen wie den Boxster, Cayenne, Panamera, Macan und künftig den Elektrosportwagen Mission E sowie die Beteiligung an der Volkswagen AG im Jahr 2005. Heute hält die Porsche SE 52,2 Prozent der Stammaktien der Volkswagen AG und ist damit deren Ankeraktionär.

Dr. Wolfgang Porsche, bereits als Aufsichtsratschef, im Hof der Porsche-Villa

Integrativer Familienmensch

Seine Hauptaufgabe sah und sieht Wolfgang Porsche darin, das Werk seines Vaters Ferry und seines Großvaters Ferdinand in deren Sinne fortzuführen und die Interessen der Familienmitglieder auszugleichen und zusammenzuführen.

Geboren wurde Wolfgang Porsche am 10. Mai 1943 in Stuttgart. Die ersten sechseinhalb Jahre verbrachte er auf dem „Schüttgut" in Zell am See/ Österreich, dem Gutshof seines Großvaters Ferdinand. 1950 kehrte die Familie nach Stuttgart zurück. Im Jahr 1965 legte Wolfgang an der Odenwald-Schule das Abitur ab und studierte anschließend an der Hochschule für Welthandel in Wien. Im Jahr 1973 wurde er zum Doktor der Handelswissenschaften promoviert.

Das Gesicht des Unternehmens

1978 wurde Porsche in den Aufsichtsrat der Porsche AG berufen und unterstützte seither seinen Vater Ferry Porsche in der Sportwagenfirma. Nach dessen Tod im Jahr 1998 wurde er von der Porsche-Familie zu ihrem Sprecher gewählt. Im Januar 2007 übernahm er den Vorsitz des Aufsichtsrats der Porsche AG. Mit Gründung der Porsche Automobil Holding SE im Juni 2007 wurde Dr. Wolfgang Porsche auch zum Aufsichtsratsvorsitzenden dieser Gesellschaft gewählt. Seit dem 24. April 2008 gehört er darüber hinaus dem Aufsichtsrat der Volkswagen AG, Wolfsburg, sowie seit dem 10. Mai 2012 dem Aufsichtsrat der Audi AG, Ingolstadt, an.

Der Dirigent: Der Einfluss von Dr. Wolfgang Porsche wurde von Jahr zu Jahr größer.

Hans-Peter Porsche

Mit seinem „Traumwerk" auf Kurs

62

Porsche: ein Name, der verpflichtet. In seinem Museum Traumwerk, das an der A8 kurz vor der Grenze zu Salzburg liegt, setzt Hans-Peter Porsche die Familientradition in Sachen Innovation und Qualität, Unternehmergeist und Vision, auf seine ganz persönliche Weise fort. Ein faszinierender Mikrokosmos, den er hier mit Sammelenthusiasten aus aller Welt teilt. Hans-Peter Porsches Liebe zum Sammeln begleitet ihn von klein auf. Zuerst waren es Teddys, dann die Bärenkrawatten. Ende der 1970er-Jahre, entdeckte er die Welt der Modelleisenbahnen für sich – und schließlich die Faszination für Blechspielzeug.

Sammler aus Leidenschaft

Hans-Peter Porsches Vision, seine außergewöhnlichen Schätze mit der Welt zu teilen, wurde im Traumwerk in Anger im Berchtesgadener Land Wirklichkeit. Ausstellungen, Gastronomie, Erlebniswelt – Hans-Peter Porsche hat all das kuratiert, ausgewählt, mitgestaltet. Als modernen Rahmen für große Emotionen, als neue Interpretation einer langen Familientradition.

Das Traumwerk ist zweimal im Jahr auch Branchentreff. Im Januar 2019 kamen 150 Gäste zum Themenabend „Die Anfänge von VW im Motorsport" und konnten die Sonderausstellung mit besonderen Exponaten wie dem weltweit zweitältesten Formel Vau aus dem Jahr 1962 besuchen.

Ferry Porsche mit seinen Söhnen Hans-Peter, Gerhard Anton, Ferdinand Anton und Wolfgang (v.l.n.r.), aufgenommen 1984

Preise: Die teuersten Porsche

63

Ist der Hype vorüber?

Im Jahr 2015 erreichten die Porsche-Preise ihren Zenit. Jedes noch so mäßige Modell wurde zu Traumpreisen verkauft, zahlreiche Auto-affine Besserverdiener wurden zum Händler und „drehten" selbst die steuerfrei möglichen drei Autos im Jahr. Der Markt für klassische Porsche und die limitierten Modelle war eben noch in Aufruhr – und jetzt hat sich alles beruhigt. Nur ganz besondere Modelle sind noch so sehr begehrt und astronomisch teuer. Das Mittelmaß der „Ware" wird zunehmend günstiger – oder, besser gesagt: Es normalisiert sich.

Die drei teuersten verkauften Porsche der letzten Jahre sind: ein Porsche 917K, Baujahr 1970, für 11,8 Mio. Euro. Dieses Modell war früher im Besitz der Porsche-Legende Jo Siffert und man kann dieses Auto, einer der großartigsten Rennwagen der Welt, in dem Kultfilm „Le Mans" von Steve McQueen sehen: lackiert in Babyblau und Orange, der berühmten GULF-Farbkombination. Zweitens ein Porsche 956 von 1982 für knapp 8,5 Mio. Euro. Es handelt sich um einen der zehn 956, die jemals gebaut wurden. Neben den 24 Stunden von Le Mans im Jahr 1983 gewann dieser Porsche vier weitere Rennen. Den dritten Platz belegt der 959 Paris–Dakar für immerhin noch 5,24 Mio. Euro.

Porsche 917 mit ihrer aufwendigen Zwölfzylinder-Technik erzielen die höchsten Preise aller Modelle.

R-Gruppe

Erlaubt ist, was einem selbst gefällt

64

Es gibt ganz unterschiedliche Arten, dem Mythos Porsche zu frönen. Da gibt es zum einen die Teilnehmer von Concours-Veranstaltungen, dann die reinen Rennstrecken-Junkies und schließlich die Freunde von „Kaffeefahrten".

Und es gibt die R-Gruppe. Hier finden sich Porscheaner zusammen, die ihre Fahrzeuge, meist handelt es sich um die bis 1972 gebauten F-Modelle, für den sportlichen Einsatz modifiziert haben, auf Englisch „Sport Purpose".

Das passende Tuning für jeden Bedarf

Dieser Trend reicht bereits in die 1960er-Jahre zurück – und Porsche bot dafür zahlreiche Modifikationen an, vor allem auch Tuning-Maßnahmen für die Sechszylinder-Triebwerke. Dabei leiteten sich die Umbauten immer aus dem gewünschten Einsatzgebiet ab, je nachdem, ob der Wagen ein „Pässe-Räuber" werden sollte oder ob er eher für ein Wochenende auf der Rennstrecke ausgelegt sein sollte.

Mitglieder der R-Gruppe fahren ihre Wagen – und campen gelegentlich, wie hier im Jahr 2018 oberhalb des Laguna Seca Raceway.

Dieser Wagen hat die Rücklichter und die Kunststoff-Heckstoßstange, optisch angelehnt an einen originalen „R". Die vom Abgasstrom angegilbten Stoßstangenhörner zeugen von schneller Fahrt.

Kein Club, eher ein Treffen für Gleichgesinnte

Und so fing alles an: Im April 1998 präsentierte das Porsche Excellence-Magazin verschiedene leicht modifizierte Elfer, was zu längeren Telefonaten zwischen den Besitzern und anderen Lesern führte. Sie stellten fest, dass es keine Vereinigung für die Besitzer dieser Fahrzeuge gab. Der Grundstein für die R-Gruppe war gelegt, mit einem klaren Unterschied zu konventionellen Clubs: Die Gruppe sollte eine lose Vereinigung bleiben, ohne die einschränkenden Club-Statuten. Und wirklich willkommen sind auch nur diejenigen, die an den Treffen teilnehmen, um Gleichgesinnte kennenzulernen. Im Jahr 2000 fand das erste Treffen in Zentral-Kalifornien statt – und es kamen statt der erwarteten 30 bereits knapp 100 Fahrzeuge. Um das Thema unter Kontrolle zu halten, ist die Anzahl der Mitglieder weltweit auf rund 300 begrenzt. Trotzdem aber hat die Facebook-Seite mehrere tausend Mitglieder.

Fahren, wie es Spaß macht

Bewegungen gegen den Strom kommen meist aus Amerika. Durch die schiere Größe des Landes finden sich immer genügend Anhänger für eine neue Idee. Bei der R-Gruppe ist die Toleranz für Modifikationen groß, wenn diese dem Fahrspaß dienen. Fotograf Frank Kayser veröffentlichte im Jahr 2020 ein opulentes Werk über diese besondere Gruppierung.

Rallye Monte-Carlo

Die großen Fahrer der „Königin der Rallyes"

65

Der gebürtige Londoner Vic Elford (geb. 1935) war ein Ausnahmefahrer. Bis heute gibt es keinen zweiten, der das Rallye-Terrain auf unbefestigter Strecke genauso beherrschte wie die Rundstrecke.

In den 1960er-Jahren fuhr Elford teilweise eine Rallye und ein Rundstreckenrennen innerhalb einer Woche. „Ich konnte einen inneren Schalter umlegen", schmunzelt er über sein Ausnahmetalent heute. Selbst ein entscheidendes Erfolgsrezept gibt „Quick Vic" heute preis. Es war die Getriebeabstufung. Sein Porsche-Mechaniker Jürgen Neuhaus und er haben vor jeder Rallye eine optimale Getriebeübersetzung erarbeitet.

Inoffizieller Werksfahrer mit großen Erfolgen

Bei der Rallye Monte-Carlo, bei der die meisten Sonderprüfungen in den Bergen ausgetragen wurden, war der Elfer auf eine Höchstgeschwindigkeit von nur 160 km/h ausgelegt. Dies führte zu einer optimalen Abstufung der Gänge in engen Kehren. Vic Elford war lange kein offizieller Porsche-Werksfahrer, bekam aber von Huschke von Hanstein einen Werkswagen zur Verfügung gestellt. „Kein Vertrag und nur, solange du gewinnst", lautete die Vereinbarung mit dem umtriebigen Rennleiter.

Die Legende lebt. Der erste Elfer, der bereits 1965 bei der Königin der Rallyes erfolgreich war, ist heute noch bei besonderen Anlässen zu sehen.

Der 911 ist immer noch gut für einen Klassensieg: Romain Dumas bei der Rallye Monte-Carlo im Jahr 2017.

Diese ungewöhnliche Partnerschaft war äußerst erfolgreich. Elford rannte förmlich von Sieg zu Sieg. Der Höhepunkt war 1968, als Elford mit seinem roten 911 bei der Königin aller Rallyes, der Rallye Monte-Carlo, den ersten Platz belegte.

Ein Nachfolger steht schon bereit

Mit dem Franzosen Romain Dumas (geb. 1977) gibt es wieder einen Spezialisten für Rallyes und Rundstrecke. Nach seinem Sieg bei den 24 Stunden von Le Mans und dem Gewinn der FIA Langstrecken-Weltmeisterschaft mit dem Porsche 919 Hybrid feierte der Porsche-Werksfahrer im Jahr 2017 seinen bisher größten Erfolg bei der Rallye Monte-Carlo: Mit seinem privaten Porsche 911 GT3 RS gewann Dumas beim Saisonauftakt der Rallye-Weltmeisterschaft mit Beifahrer Gilles de Turckheim gegen starke Werkskonkurrenz die Klasse RGT. Kurz vor der Rallye Monte-Carlo startete er mit seinem Privatteam zum dritten Mal bei der weltberühmten Rallye Dakar und holte hier als hervorragender Achter der Gesamtwertung sein bisher bestes Ergebnis.

Vic Elford, auf dem Foto im Jahr 2009 vor Schloss Solitude, ist der erfolgreichste 911-Pilot der „Monte".

Rallye Paris–Dakar

66

Gleich beim ersten Einsatz gewonnen

Nach der Vorstellung einer 911-Allradstudie auf der Frankfurter IAA im Jahr 1981 verlegte Porsche die Erprobung der neuen Allradkonzepte in bewährter Weise in den Motorsport. Ein allradgetriebener 911 Carrera mit Saugmotor, bei dem hauptsächlich die Vorderachse abgeändert war, gewann die härteste Rallye der Welt, die „Paris–Dakar" im Jahr 1984. Für den damaligen Rennleiter Peter Falk gehörte dieser Sieg auf neuem Terrain beim ersten Einsatz zu den größten Erfolgen der Porsche-Renngeschichte.

In der Wüste wird es nachts bitterkalt. In der Not schützten sich Mechaniker auch mit Mülltüten vor den Minusgraden.

Für die Rallye Paris–Dakar im Folgejahr bekam der Carrera schon das spätere 959-Fahrwerk und erfuhr Modifikationen an der Karosserie. Doch der Erfolg blieb aus. Dafür belegte der über 400 PS starke 959 Gruppe B mit Register-Turboaufladung im Jahr 1986 die ersten beiden Plätze mit den Fahrern René Metge und Jacky Ickx. Danach konnte der 959 wegen Änderungen am Reglement nicht mehr im Rallyesport eingesetzt werden.

Rallyes mit Porsche

Die ersten Rallye-Einsätze mit dem 911 gehen auf das Engagement des Polen Sobieslav Zasada zurück. Er wollte die ostafrikanische Safari-Rallye gewinnen und bekam Unterstützung vom Werk. Bei der East African Safari Rallye 1973 schließlich, startete ein Werkswagen auf Basis des Carrera RS; gesponsert von Bosch mit dem Fahrerteam Waldegaard/Thorszelius und schließlich im Folgejahr nochmals mit der Fahrer-Paarung Herrmann/Schuller, unterstützt von Kühne + Nagel.

Langstrecken-Spezialist Jacky Ickx war der bekannteste Porsche-Fahrer, der jemals eine Rallye für die Zuffenhausener bestritt.

Rennsport Reunion

67

Das weltweit größte Porsche-Festival

Lassen wir uns die Highlights der Rennsport Reunion VI auf der Zunge zergehen, die vom 27. bis 30. September 2018 auf dem WeatherTech Raceway Laguna Seca nahe Monterey im US-Bundesstaat Kalifornien stattfand: 81.550 Besucher und damit gut 20.000 mehr als bei der Rennsport Reunion V drei Jahre zuvor; 2500 Porsche-Straßen- und Rennfahrzeuge; der Porsche Club of America bot mit rund 1600 Fahrzeugen das größte Club-Display, was es wohl je gegeben hat; 59 Rennfahrerlegenden und Ingenieure, stellvertretend für die über 30.000 Siege der Rennwagen; die komplette Modellpalette vom 356 Nr. 1 bis zum Le-Mans-Siegerwagen 919 Hybrid sowie mit dem 935 eine vollkommen unerwartete und bis dahin mit Erfolg geheim gehaltene Neuvorstellung.

Ein „Familientreffen" für Kenner

Nie zuvor sah man bei einer Veranstaltung so viele Porsche-Einzelstücke oder Fahrzeuge aus einer Kleinserie – und das sogar im Renntempo. Faszinierend waren für den Porsche-Kenner auch die unterschiedlichen Fahrzeuge, die unter der in Europa nur als Randgruppe existierenden Gilde der „Outlaws“ und der „R-Gruppe“ zusammenkamen. Die Rennsport Reunion wurde im Jahr 2001 zur Würdigung des Motorsport-Vermächtnisses von Porsche im Lime Rock Park in Lakeville ins Leben

Großes Kino: Die Neuinterpretation des 935 konnte bis zur Präsentation geheim gehalten werden. Niemals zuvor wurden so wenige Personen in ein Projekt eingeweiht.

Geschichtsträchtige Fahrzeuge, soweit das Auge reicht: Die Porsche-Aufstellung vor dem Rundbogen ist jedes Mal der Auftakt der Rennsport Reunion.

gerufen. Mittlerweile ist die Veranstaltung die weltweit größte Zusammenkunft von Porsche-Rennwagen.

2018 – ein Jahr der Jubiläen

Das von Porsche Cars North America (PCNA) ausgerichtete Treffen findet alle drei bis vier Jahre statt. 2018 hatte die Veranstaltung eine besondere Bedeutung, denn 70 Jahre zuvor – genauer am 8. Juni 1948 – erhielt der Porsche 356 Nr. 1 Roadster seine Betriebserlaubnis. Dieses Datum gilt als die Geburtsstunde der Marke Porsche. Und neben dem Jubiläum gab es für 2018 noch ein Motto, nämlich „Marque of Champions“ (Marke der Champions). Es ging somit um die Legenden, die Porsche hervorgebracht hat. Deshalb wurden im September 2018 59 Ingenieure, Konstrukteure und Rennfahrer aus aller Welt eingeladen, die die Porsche-Erfolgsstory verkörpern.

„Für uns ist die Rennsport Reunion ein großes Familientreffen“, so Klaus Zellmer, Präsident und CEO von PNA. Er fügte hinzu: „Wir bekommen immer wieder Gänsehaut, wenn wir unsere ruhmreiche Geschichte und unsere lange Tradition mit jenen feiern dürfen, die die Marke Porsche zu dem machen, was sie ist.“

Reutter und Porsche

68

Eine Vernunftehe aus Sympathie

Gemeinsam haben die Familien Reutter und Porsche Automobilgeschichte geschrieben. Dabei reicht die Zusammenarbeit beider Firmen bis zu den Vorläufern und Prototypen des Volkswagens in die 1930er-Jahre zurück. Aus den Erfahrungen der Vorkriegszeit resultiert die neuerliche Kooperation nach Porsches Rückkehr aus Gmünd, es folgt eine „Vernunftehe aus Sympathie", welche zur Produktion des 356 führt, und zwar von 1950 bis 1953 im Reutter-Werk I in der Stuttgarter Augustenstraße und dann im Wek II in Zuffenhausen. Aber auch viele seltene Porsche-Prototypen bis hin zum 356-Nachfolger mit der ursprünglichen Bezeichnung 901 werden bei Reutter konstruiert und gebaut. Dabei war das Unternehmen dafür bekannt, dass es viel Wert auf die Qualifikation der eigenen Mitarbeiter legte. In der „Kaderschmiede" wurden sie hoch qualifiziert.

Frank Jung, Urenkel von Albert Reutter, hat eine Biografie über die Erfolgsgeschichte des Karosseriebauers geschrieben. Er ist heute Leiter des Unternehmensarchivs bei Porsche.

Reutter Werk II in Stuttgart Zuffenhausen - gebaut 1936/37 heute Teil des Werk 2 von Porsche.

Walter Röhrl

69

Eine Garage ohne Porsche ist nur ein dunkles Loch

Im Januar 2018 feierte der zweifache Weltmeister Walter Röhrl Silberhochzeit mit der Porsche AG, als ihr Entwickler und Repräsentant. Seinen ersten öffentlichen Auftritt in dieser Rolle hatte er im September 1993 bei der Präsentation des 993 auf der Halbinsel Cap-Ferrat an der Côte d'Azur, zu der er bereits mit seinem ersten Dienstwagen vorfuhr, einem 964. Röhrls unmittelbarer Bezug zu Porsche aber reicht viel weiter zurück.

Lebhafte Porsche-Vergangenheit

Sein erstes eigenes Fahrzeug war ein Porsche 356 B Coupé mit 75 PS und bereits 1977 stand er mit einem privaten Rallye 911 am Start, mit etwa der dreifachen Leistung. Als Werksfahrer verpflichtete Porsche den sympathischen Regensburger im Jahr 1981. Röhrl pilotierte im Rahmen der deutschen Rallye-Meisterschaft einen Porsche 911 SC beim Rallye-WM-Lauf in San Remo.

Walter Röhrl hat zwei Tugenden auf Lebenszeit: Er ist der beste Fahrer und der sympathischste noch dazu.

Walter Röhrl: locker, aber immer bei der Sache

Mit seiner Fähigkeit, das Fahrverhalten präzise und verständlich zu erklären, war er aber schon vor 1993 ein hoch geschätzter Impulsgeber für die Ingenieure bei der Entwicklung von Porsche-Fahrzeugen. Hinzu kam natürlich sein unerschöpflicher Erfahrungsschatz mit den unterschiedlichen Antriebstechniken im Rallye-Einsatz.

Röhrl war stets ein Verfechter des Allradantriebs, der ihn schon beim Porsche 959 mit seinen vier Fahrprogrammen so sehr faszinierte, dass er 1986 privat einen der wenigen 959 S kaufte. Im Lauf der Jahre verkörperte er die Porsche-Philosophie „Intelligent Performance" wie kein zweiter. Die Entwicklungen des Allradantriebs beim Porsche 964 und die Abstimmung der Supersportwagen Carrera GT und Porsche 918 Spyder tragen seine Handschrift.

„Ein Auto braucht Liebe"

Es gab im Leben von Walter Röhrl zahlreiche weitere Superlative, auch solche ohne Porsche: Dazu gehört vor allem die einmalige Fahrer-Beifahrer-Paarung mit Christian Geistdörfer, seit über 40 Jahren und für 54 WM-Läufe, die ihnen in den Jahren 1980 und 1982 zwei Weltmeistertitel einbrachte. Bedeutend sind für ihn selbst auch seine vier Rallye-Monte-Carlo-Siege auf vier verschiedenen Automarken: 1980 auf Fiat, 1982 auf Opel, 1983 auf Lancia und 1984 auf Audi.

Trotz dieser vielfältigen Erfolge hängt das Herz von Röhrl an Porsche und er macht unmissverständlich klar: „Eine Garage ohne Porsche ist nur ein dunkles Loch." Und seine Liebe zum 911 im Speziellen ist auch kein Geheimnis, so dass sich die Frage nach seinem Lieblings-911 geradezu aufdrängt: „Mein Lieblings-Elfer ist der 964 Turbo S. Für mich ist der 964 mit den hohen Kotflügeln formal der absolute 911. In Kombination mit dem reinen Heckantrieb, bei dem du immer die richtige Gasdosierung finden musst, und dem leistungsgesteigerten Turbo mit sattem Fahrwerk, entstand eine pure Fahrmaschine."

Der Schwimmwagen

70

Bei Sammlern heute sehr gesucht

Der Volkswagen Typ 166 ist ein schwimmfähiger Geländewagen. Auf Grundlage des Typ 87 (Allrad Kübelwagen) entstand der Typ 128 und dann mit verkürztem Radstand der Typ 166. Dieser wurde von Herbst 1942 bis Sommer 1944 hergestellt. Über 14.000 Einheiten verließen das Volkswagenwerk bei Fallersleben.

Das wichtigste Merkmal des „Schwimmwagens" war seine wannenförmige Karosserie. Angetrieben wurde er von einem Vierzylinder-Boxermotor mit 25 PS aus 1131 Kubikzentimeter Hubraum. Diese Leistung ermöglichte knapp die geforderte Mindestgeschwindigkeit von 10 km/h auf dem Wasser. Zusammen mit der Firma Drauz aus Heilbronn wurde am 21. September 1940 ein erster Prototyp fertiggestellt. Der Typ 128 wurde auf dem Max-Eyth-See bei Stuttgart erprobt. Der erste Wagen soll untergegangen sein, konnte aber – so die Überlieferung weiter – durch das Permanentlicht der Zündung in der trüben Tiefe des Sees schnell wiedergefunden werden.

Nur wenige Schwimmwagen haben im Originalzustand überlebt. Meist mussten die Fahrzeugwannen ersetzt werden.

Ab 1942 in Serie

Im April 1941 schließlich startete die Entwicklung des Typs 166. Nach der Abnahme durch das Heereswaffenamt am 29. Mai 1942 begann die Produktion. Im Gegensatz zum Kübelwagen Typ 82, dessen Aufbau in Berlin hergestellt wurde, produzierte VW die Karosserien selbst. Bei einem alliierten Luftangriff auf das VW-Werk am 5. August 1944 wurden die Fertigungseinrichtungen im Karosseriebau aber so stark zerstört, dass eine weitere Produktion nicht mehr in Frage kam. Heute sind die Schwimmwagen bei Sammlern sehr gesucht.

Sicherheitsbilanz

Immer einen Schritt voraus

71

70 Jahre Porsche bedeuten 70 Jahre passive Sicherheit für den Kunden. Aber bis zu den heutigen Standards war es ein langer Prozess. In den Porsche-Anfängen musste erst einmal die Notwendigkeit von Sicherheitsdetails erkannt werden. Ja, es gab tatsächlich Zeiten, in denen man noch in Kauf genommen hat, dass ein Fahrer durch einen Frontalaufprall ums Leben kommt – genau genommen wurden die Fahrer damals von der starren Lenksäule regelrecht aufgespießt.

Sicherheitsschwachstellen wurden frühzeitig beseitigt

Das erste in einem Porsche 356 verwirklichte Sicherheitsdetail war der Kleiderhaken. Die einst schön verchromten Haken sollten nur noch aus einem Blechstreifen mit Gummi-Ummantelung bestehen, um bei einem Unfall schwere Kopfverletzungen zu vermeiden. Sensibilisiert durch die Untersuchung von Unfallwagen in der Werksreparatur und

Sicherheit sichtbar gemacht: Sogenannte Phantomzeichnungen geben tiefe Einblicke.

So fing alles an: Für Crash-Versuche wurden die Fahrzeuge noch Anfang der 1960er-Jahre an einem Kran hinaufgezogen und definiert fallen gelassen.

durch Gespräche mit verunfallten Kunden wurden im Porsche 356 Stück für Stück scharfkantige Stellen eliminiert.

Kontinuierliche Verbesserungen

Weitere Meilensteine der Sicherheitsbilanz im Zeitraffer: 1956 der Beckengurt und 1962 schließlich der Dreipunktgurt; 1964 die Sicherheitslenkung; 1969 die integrierte Kopfstütze. Tatsächlich waren Kopfstützen noch Mitte der 1960er-Jahre sogenannte Schlummerrollen und dienten der Erholung und nicht der Sicherheit. 1973 kam der erste Kunststofftank in einem Serien-Pkw; 1983 ging das ABS in Serie; von 1985 an weltweiter Seitenaufprallschutz in den Türen; 1987 war Porsche der erste europäische Hersteller mit Doppelairbag in den USA und von 1991 an auch in Deutschland und 1997 folgte schließlich serienmäßig das Porsche Side Impact Protection System mit Seitenairbags (POSDIP).

Norbert Singer

Mr. Le Mans

72

Norbert Singers Spitzname ist „Mr. Le Mans“, spätestens seit er am 13. Juni 2003 für seine Verdienste um das 24-Stunden-Rennen sowie für seine einzigartigen Erfolge bei dem Langstreckenrennen in Frankreich vom Automobile Club de l`Ouest (ACO) den Preis „Spirit of Le Mans“ erhalten hat, übrigens zusammen mit dem dreifachen Le-Mans-Sieger und Formel-1-Weltmeister Phil Hill.

Norbert Singer (geb. 1939), Ingenieur für Maschinenbau und Luft- und Raumfahrttechnik, ist der einzige Porsche-Mitarbeiter, der an allen 16 Gesamtsiegen der Marke von von 1970 an bis 1998 maßgeblich beteiligt war, die sowohl das Werk als auch private Teams bis zu seiner Pensionierung feiern konnten – mit den Rennsportwagen vom Typ 917, 935, 936, 956, 962C, TWR-Spyder sowie GT1 98. Eingestellt wurde er übrigens von Peter Falk am 1. März 1970. Bis heute wird Singer als einer der bedeutendsten Ingenieure des Hauses geschätzt und weiterhin zu wichtigen Veranstaltungen eingeladen, zum Beispiel zur Porsche Rennsport Reunion im September 2018.

Norbert Singer, hier im Gespräch mit Jochen Mass (rechts im Bild), wusste immer, wo es langgeht.

73

Skijöring

Lifestyle und Zukunft mit Herkunft

Erstausgaben haben ihren Reiz, noch dazu, wenn sie historische Wurzeln haben wie diese. In den 1950er-Jahren galt Skijöring, also wenn ein Skifahrer von einem Auto an einem Seil gezogen wird, als gefährlichster Sport überhaupt. Porsche 550 Spyder, 356er und der superleichte, vom Rennfahrer Otto Mathé in den 1950er-Jahren konstruierte „Fetzenflieger" kämpften damals schon in Zell am See um die Positionen.

Die Neuauflage einer Tradition

Das junge Organisationsduo Ferdinand Porsche, Urenkel des Firmengründers, und sein Studienfreund Vinzenz Greger stellen, unterstützt von einer großen Eventagentur, gleich in der Erstausgabe des GP Ice Race vom 18. bis 20. Januar 2019 ein Motorsport-Spektakel ohne Beispiel auf die Beine – mit einer Promi-Dichte, die nur noch von Lord of March in Goodwood getoppt wird, und einer unglaublichen Vielfalt an Fahrzeugen: Schirmherr Striezel Stuck zirkelte sogar den Auto-Union-Typ-C-Rennwagen von 1938 um den Eisparcours. Das Museum-Prototyp in

Fast schon unglaublich: Ein heute millionenschwerer 550 Spyder trainiert auf Eis, bevor er seinen Skifahrer „anhängt".

Hamburg präsentierte den authentischen Fetzenflieger mit Fuhrmann-Triebwerk, welcher schon vor Jahrzehnten siegreich war, natürlich mit mutigen Skifahrern im Schlepptau.

Ungewöhnliches Reglement

Für eine Erstveranstaltung lief alles erstaunlich rund. Befremdend war höchstens die gemischte Wertung der Skijöring-Klasse, zumindest auf den ersten Blick: Wie soll ein Porsche 356 gegen einen allradgetriebenen Mitsubishi Evo 9 gewinnen? Dieser Mix wertete die echten Klassiker etwas ab und rückte dafür die Vielfalt und die Faszination der Neuzeit in den Vordergrund.

Aber vielleicht war das sogar der richtige Ansatz, um mehr und jüngere Zuschauer anzusprechen. Denn tatsächlich lockte das Event über 8000 Besucher bei Dauerfrost hinter dem Ofen hervor. Bemerkenswert war dabei auch, dass so viele junge Menschen sich unters Publikum mischten und danach auf Instagram ein wahres Feuerwerk an Fotos zündeten. Die Zukunft hat also begonnen – und Veranstalter von heute stehen vor neuen Herausforderungen.

Beste Traktion: Der 911 aus dem Modelljahr 1968 mit 6 mm langen Spikes ist kaum aus der Spur zu bringen.

Damals: Huschke von Hanstein gratuliert dem Fahrer des Fetzenfliegers zum Gesamtsieg.

Solitude

Die Rennstrecke vor den Toren Stuttgarts

74

Stuttgart ist die Autostadt – mit Motorsporttradition. Die Solitude-Rennen wurden vor den Toren der Stadt von 1903 bis 1965 ausgetragen. Teilweise pilgerten zu den Stuttgarter Motorrad-Weltmeisterschaftsläufen in den 1950er-Jahren bis zu 400.000 Zuschauer. Um Parkraum für diesen Ansturm sicherstellen zu können, musste die Autobahn gesperrt werden. Die Formel 1 gastierte bis Anfang der 1960er-Jahre, allerdings ohne Weltmeisterschaftsstatus. 1962 feierte Porsche sogar einen Doppelsieg. Der Amerikaner Dan Gurney siegte auf einem Porsche 804, vor seinem Markenkollegen Joakim Bonnier.

Die Porsche-Hausrennstrecke

Für Mercedes-Benz und Porsche wurde die nicht permanente und 11,4 km lange Rennstrecke auch für Testfahrten neuer Rennwagen oder Fahrpräsentationen gesperrt. Aber auch für die erste Prüfung der von 1954 an ausgetragenen Rallye-Solitude und für die Zwischenetappe der

Noch in den 1920er-Jahren war der Start unterhalb des Schlosses Solitude. Die Strecke führte dann das Ramtel herunter nach Leonberg.

Rallye Lyon–Charbonnières musste die Streckenführung immer wieder für den öffentlichen Verkehr gesperrt werden. Porsche und die Solitude-Rennstrecke gehören zusammen, bis heute.

Lokalmatador: Hans Herrmann kannte den über elf Kilometer langen Solitude-Rundkurs wie seine Westentasche.

Noch heute ein Magnet

Im Jahr 2001 brachte der Autor dieses Buches acht Rennfahrerlegenden mit Bezug zur Solitude zusammen, um den Solitude Revival e. V. zu gründen, als Grundlage für die Wiederbelebung der Rennstrecke. Auftakt war im Jahr 2003 das Jubiläum „100 Jahre Solitude-Rennen“. Inzwischen finden alle zwei Jahre Solitude-Revival-Veranstaltungen auf der gesamten Nachkriegsstrecke statt. Im August 2023 gibt es am Schloss Solitude die nächste Gedenkveranstaltung.

Start zum Sportwagenrennen 1955: Eine ganze Armada an Porsche 550 Spyder kesselt die Borgward RS ein.

Specials

75 Individualisierung für den Motorsport

Es gibt weniger bekannte und gänzlich unbekannte Porsche-Fahrzeuge mit Sonderkarosserien. Die größte Ansammlung ist alle drei bis vier Jahre bei der Porsche Rennsport Reunion auf dem Laguna Seca Raceway zu erleben. In der Klasse 5 „Gmünd Coupé“ rannten im September 2018 Specials wie ein Glöckler-Porsche von 1952, drei Devin-Porsche von 1959 und 1960 sowie ein Devin-Speedster von 1955, ein Dolphine America von 1962, ein Cooper Pooper von 1953, ein Sabel-Porsche Special von 1964 sowie der Bobsy-Porsche SR 3 aus dem Jahr 1964.

Specials wurden meist für den Rennsport optimiert

Alle Fahrzeuge basieren auf Porsche 356-A- oder 356-B-Plattformen beziehungsweise filigranen Gitterrohr-Rahmen, haben von ih-

Der 356 Special aus dem Jahr 1960 wurde von dem Schweizer Otto Dätwyler gebaut.

Start- und Zielgerade des Hockenheimrings: Apal mit Porsche-Technik, 356 Special „Dätwyler" und Porsche 904 (v.l.n.r.)

ren Erbauern entworfene Karosserien aus Aluminium, Kunststoff oder Blech und werden durch Vierzylinder-Boxermotoren in verschiedenen Tuningstufen befeuert. In der Klasse 2 „Werks-Trophy" fuhren ähnliche Exoten mit, allerdings teilweise sogar von Sechszylindermotoren befeuert, wie drei Elva MK 7 aus dem Jahr 1964 und der Porsche Platypus, ebenfalls von 1964.

Die meisten Specials gab es in Amerika

Porsche Specials aus dieser Zeit waren auch hierzulande nicht ungewöhnlich. Bekannt sind ein Entwurf von Zagato auf Basis eines 356 Carrera, die ebenfalls von Zagato beeinflussten Apal-Porsche, der 356 B Carrera S von 1961 von der Karosserieschule in Kaiserslautern, der Tim Meyer´s Carrera von 1963 und schließlich das Stahl-Fahrzeug von Heinz Fuchs (1965). Ganz besonders sind auch zwei Dätwyler-Porsche. Diese Schweizer Firma geht auf den Unternehmer Otto Dätwyler zurück. Das erste Leichtbau-Coupé basiert auf der Plattform eines Porsche 356 B Coupé T5 1600 aus dem Jahr 1960. Wohl nach Skizzen von Gerhard Schröder fertigte Dätwyler eine flache Karosserie, welche bereits Attribute vom Porsche 904 zeigte. Auftraggeber war der Erstbesitzer aus dem Schweizer Dozwil. Das zweite Fahrzeug basiert auf einem Porsche 356 C Cabrio und kann als eine Interpretation des 904 beschrieben werden.

Der Speedster

76

Konsequent offen

Zum Modelljahr 1989 gesellte sich eine weitere offene Porsche-911-Variante hinzu: der zweisitzige Speedster. Mit dem Aufgreifen dieser Tradition aus 356er-Zeiten – 1954 wurde der Porsche Speedster geboren – ging für viele Porsche-Fahrer ein Wunsch in Erfüllung.

Der offenste aller Elfer entstand auf Basis des 911 Carrera im Turbolook, war aber auch mit der schmalen Karosserie lieferbar. Die Windschutzscheibe war verkürzt und das Notverdeck manuell zu betätigen. Die Fondabdeckung mit Doppelhutze, unter der das Verdeck völlig verschwand, war aus Kunststoff und in Wagenfarbe lackiert.

Auf der Internationalen Automobil-Ausstellung (IAA) in Frankfurt 1987 zeigte Porsche zusätzlich einen Speedster Clubsport ganz ohne Frontscheibe und mit nur einem Sitzplatz, über den ein kleiner Überrollbügel ragte. Diese Version war allerdings dann nicht erhältlich. Der Straßen-Speedster hingegen war im Modelljahr 1990 schon nicht mehr lieferbar. In

Einzelstück: Die schwarze Lackierung mit einer Lederausstattung in Türkis war mutig.

Den 911 Carrera 3.2 Speedster im Turbolook gab es im Modelljahr 1989, als letzte Modellvariante des G-Modells.

kurzer Zeit wurden die vorgesehenen 2100 Fahrzeuge verkauft. Trotzdem aber schnellten die Preise weit über den Neupreis hinaus, ebenso wie für die nachfolgenden Speedster-Versionen.

Beliebte Kombination: Schwarzes Armaturenbrett und die Farbe erst ab der Knieleiste

Spitznamen

77 Die „Sau" ist weltweit bekannt

Porsche-Fahrzeuge bekamen von den Ingenieuren und Monteuren gern Spitznamen verpasst. So erhielt der Porsche 356 B 2000 GS/GT, der sein Debüt im Mai 1963 bei der Targa Florio hatte, den Spitznamen „Dreikantschaber". Das lag an seiner untersetzt wirkenden Karosserieform mit der niedrigen, keilförmigen Nase und dem abrupten Abbruch der Dachlinie. Der Rennwagen wird auch liebevoll „Großmutter" genannt. Den Beinamen bekam das Fahrzeug aufgrund seines ungewöhnlich langen Renneinsatzes im Motorsport verliehen. Der 718 W-R siegte 1963 und 1964 bei der Europa-Bergmeisterschaft und errang mit Edgar Barth zweimal den Meistertitel.

Die Vogelwelt stand Pate

Auch die 901-Prototypen hatten teilweise Spitznamen, abgeleitet aus der Vogelwelt. „Sturmvogel" wurde der erste Prototyp überhaupt mit der Fahrgestellnummer 13321 genannt; „Fledermaus" die Nummer 2, „Blaumeise" die Nummer 3 und „Zitronenfalter" die Nummer 4. Die Nummer 6 mit „Quickblau" und Nummer 7 „Barbarossa" wurden dann nur nach ihrer Farbgebung benannt.

Für Le Mans entwickelt: Der erste Porsche 917/20 ging als „Dicke Berta" oder einfach als „Sau" in die Geschichte ein (auf dem Foto rechts).

Gewöhnungsbedürftige Proportionen: Der 718 W-R hatte eine bemerkenswert lange Renngeschichte.

Vorne der Rüssel, hinten der Schwanz

Das Porsche 917/20 Coupé aus dem Jahr 1971 erhielt den Spitznamen „Sau“ aufgrund seiner außergewöhnlichen Lackierung. An ihm hatten sich die Designer des Porsche-Studios austoben dürfen. Sie machten aus dem 917 ein „Schlachtschwein“, indem sie ihm einen rosafarbenen Anstrich verpassten und die einzelnen Partien nach Metzgerart markierten und benannten.

Spitznamen wie „Großmutter" für diesen Typ 718 sind stets mit einem Augenzwinkern zu verstehen.

Sport-Prototypen

Vom 906 zum Über-Rennwagen 917

78

Als Prototyp bezeichnet man im Motorsport Fahrzeuge, welche rein für den Rennsport konstruiert wurden. Ähnlich wie Formelwagen haben diese Fahrzeuge nichts mit Serienfahrzeugen zu tun und können somit quasi als reine Lehre für die speziellen Anforderungen im Motorsport gebaut werden.

Sport-Prototypen nahezu so agil wie Formel-Rennwagen

Bei Wikipedia ist nachzulesen: „Bei Sportwagenrennen gibt es neben den Gran-Turismo-Fahrzeugen auch die sogenannten Sport-Prototypen. Diese nehmen die höchsten Klassen bei Sportwagenrennen ein. Durch die berühmten Langstreckenrennen von Le Mans und Daytona entwickelten sich dort spezielle Reglements für Sportprototypen, deren Klasse sich nach dem jeweiligen Langstreckenklassiker benennt. So gibt es für das 24-Stunden-Rennen von Le Mans die Le-Mans-Prototypen, kurz auch LMP genannt; und für das 24-Stunden-Rennen von Daytona die Daytona-Prototypen. Zusätzlich zu diesen einmal im Jahr stattfindenden Rennen gibt es auch Rennserien, in denen diese Sportprototypen zum Einsatz kommen.“

Der 909 Bergspyder für das Gaisberg-Rennen 1968 bei seiner Präsentation auf dem Hockenheimring.

Am 26. November 1963 wurde der Porsche 904 Carrera GTS auf der Solitude den Journalisten vorgestellt.

Porsche ist auch hier Vorreiter

Die bekanntesten Sport-Prototypen von Porsche waren der 906 beziehungsweise Carrera 6, der 908, der 909, der 910 sowie der 917. Das Antriebsspektrum reichte von stark modifizierten Sechszylinder-Triebwerken über den bärenstarken Achtzylinder und schließlich bis hin zum siegreichen Zwölfzylinder – übrigens allesamt luftgekühlte Boxermotoren.

Einer der Erfolgreichsten

Der Über-Porsche wird 50: Ende 1967 erlaubte das Reglement Sportwagen bis fünf Liter Hubraum, um an den Rennen zur Sportwagen-Markenweltmeisterschaft teilnehmen zu können. Ein Hersteller

Rennwagenhersteller KMW durfte den Namen Porsche führen. Der hier gezeigte Sport-Prototype – im Bild auf der Nürburgring Nordschleife – sorgte bei der Interserie 1972 mit einem Viernockenwellen-Sechszylinder-Triebwerk (Typ 916) für Furore.

Gerhard Mitter pilotiert diesen Carrera 6 im Jahr 1966 beim Flugplatzrennen in Zeltweg.

musste damals zur Homologation mindestens 25 Fahrzeuge auf die Räder stellen. Das schaffte Porsche mit dem 917, der unter der Regie von Ferdinand Piëch mit Hochdruck und ohne Kompromisse entwickelt wurde. Kunden konnten ein Fahrzeug für 140.000 Mark erwerben. Ferdinand Piëch und der damalige Werksfahrer Gerhard Mitter präsentierten den 4,5-Liter-Zwölfzylinder-Rennwagen mit 540 PS im März 1969 auf dem Automobilsalon in Genf. Das Fahrzeug war damals noch längst nicht ausgereift und teilweise weigerten sich Fahrer, den Boliden in diesem Zustand zu fahren.

Der damalige „sport auto"-Chefredakteur Horst von Saurma testete den 908 auf dem Hockenheimring.

Der 907 KH gehörte bereits zu den ultraschnellen Sport-Prototypen.

Eine Serie von Siegen

Am 10. August 1969 schließlich kam das Selbstvertrauen, nachdem Kurt Ahrens und Jo Siffert beim 1000-Kilometer-Rennen auf dem Österreichring den ersten Sieg einfuhren. Der nächste Meilenstein war der Gesamtsieg in Le Mans im Jahr 1970 mit den Fahrern Hans Herrmann und Richard Attwood. Die Erfolgsgeschichte des bis heute wohl legendärsten Porsche-Rennsportwagens reichte bis ins Jahr 1973 mit den über 1000 PS starken Turboversionen. Dann erst wurde der Zwölfzylinder durch Änderungen an den Reglements sprichwörtlich eingebremst.

Stuttgart, Kronenstraße 24

Richtungsweisende Konstruktionen

79

Am 25. April 1931 eröffnete eröffnete Ferdinand Porsche in der Innenstadt von Stuttgart, genauer in der Kronenstraße 24, ein unabhängiges Konstruktionsbüro. Das Arbeitsspektrum des kleinen Teams aus Ingenieuren und Technikern umfasste die gesamte Bandbreite der Kraftfahrzeugtechnik. Zu den bekanntesten Konstruktionen der Ära zählte der Auto Union Grand-Prix-Rennwagen.

Außergewöhnliche Auftragsarbeiten

Den Auftrag für diesen Boliden gemäß der neuen 750-Kilogramm-Formel erhielt Porsche im Frühjahr 1933. Unter der Leitung von Oberingenieur Karl Rabe entstand der legendäre Sechzehnzylinder-Rennwagen in Mittelmotor-Anordnung – er erweist sich als richtungsweisend für alle modernen Rennwagen, bis zum heutigen Tag. Das Konstruktionsbüro zog 1938 in den Stuttgarter Stadtteil Zuffenhausen um. Noch heute ist hier der Sitz der Geschäftsleitung.

Ferry Porsche (links im Bild) war bereits als junger Mann in der Kronenstraße aktiv.

Gänzlich unbekannt: Die Kronenstraße ist eigentlich der einzige ehemalige Porsche-Standort, der nicht bewahrt wird.

Stuttgart, Feuerbacher Weg

Selbst die Villa war schon Werkstatt

80

Noch Anfang der 1990er-Jahre konnte man Ferry Porsche in der alten Porsche-Villa im Feuerbacher Weg antreffen, manchmal sogar gemeinsam mit seinem ehemaligen PR-Chef und Rennleiter Huschke von Hanstein. Der Rennbaron holte dann Ferry Porsche zu einem Spaziergang ab. Mit dabei war nur Hansteins Hund Willy. Danach nahmen die Herren dann meist auf einem Parkbänkchen vor der Villa Platz – und plauderten über die alten Zeiten, über die Anfänge von Porsche als Konstruktionsbüro und die ständige Platznot. Ferry wird Huschke dann auch erzählt haben, dass die ersten VW-Prototypen in der Garage der Porsche-Villa entstanden und Fahrzeuge vor der Villa zu Versuchsfahrten aufbrachen. Diese Ära hatte Huschke nicht erlebt. Er kam 1951 zu Porsche.

Heute wird die Porsche-Villa, 1923 vom Stuttgarter Architekten Paul Bonatz gebaut, vom Unternehmen nur noch für besondere Anlässe oder als Gästehaus genutzt.

Zeit zur Besinnung: Regelmäßig saßen Ferry Porsche (links) und Huschke von Hanstein auf dem Parkbänkchen am Feuerbacher Weg.

Revival: Der 356 aus dem Museumsbestand und der 928 S4, der ehemalige Dienstwagen von Huschke von Hanstein, parkten im Jahr 2017 nochmals vor der Porsche-Villa.

Style Porsche

81 Porsche Design und Style Porsche sind zwei Paar Stiefel

Zunächst einmal muss unterschieden werden: Im Rahmen der Umwandlung der Porsche KG in eine Aktiengesellschaft im Jahr 1971/72 schied Ferdinand Alexander Porsche wie alle anderen Familienmitglieder aus dem operativen Geschäft des Unternehmens aus. 1972 gründete er das „Porsche Design Studio" in Stuttgart, dessen Sitz 1974 nach Zell am See in Österreich verlegt wurde. Um Verwechslungen vorzugreifen, wurden fortan alle Designentwürfe des Unternehmens Porsche „Style Porsche" genannt. So ist das bis heute.

Ab dem Modell 996 änderte sich die Dachform

Schon das Design des ersten 911 war geprägt durch Vorgaben aus dem Lastenheft. Die technischen Forderungen nahmen in den letzten Jahren dann mehr und mehr zu. Diese hatten die Designer folglich auch zu berücksichtigen. Und nicht zuletzt stellt der Windkanal das Design der Fahrzeuge auf die Nagelprobe. Umso erstaunlicher ist, dass der 911 bis zum heutigen Tag unverwechselbar ein 911 bleiben konnte.

Internationalität: Die Designer kommen meist aus der ganzen Welt.

Einmalig in der Welt der Designer: Stephen Murkett (links) und Tony Hatter (seit 2021 im Ruhestand) sind seit über 30 Jahren bei Porsche im Design gewesen.

Jeder Porsche muss sofort als Porsche zu erkennen sein

Und ganz gleich, ob 911er, Cayenne oder Panamera – jedes Modell des Sportwagenherstellers ist stets als Porsche zu erkennen. „Porsche ist eine Sportwagenmarke. Das heißt, welches Fahrzeug Porsche auch auf den Markt bringt, es ist immer ein Sportwagen, fährt sich wie ein Sportwagen, klingt wie ein Sportwagen und sieht aus wie ein Sportwagen von Porsche“, so Michael Mauer, Director Style Porsche.

Die Urform des 996 in Handarbeit – aus Plastilin. Im Hintergrund bespricht sich Harm Lagaaij.

Supersportwagen I

Mit dem Allrad-Porsche 959 fing alles an

82

Mit dem Porsche 959 zeigten die Konstrukteure erstmals, was alles möglich ist, wenn Geld keine Rolle spielt. Es war bei diesem Projekt schließlich niemals notwendig, mit den 292 Serienfahrzeuge des 450.000 D-Mark teuren Supersportwagens Geld zu verdienen.

Damals das schnellste Serienfahrzeug weltweit

Tatsächlich diente der 959 als Technologieträger, als Kompetenznachweis für Porsche. Er wurde als Entwicklungsträger für künftige Porsche-Fahrzeuge konzipiert und stieß dadurch in Regionen vor, die bisher nur Rennfahrzeugen vorbehalten waren.

Maßstäbe für künftige Entwicklungen

Als eine sehr wichtige Technologie ging aus dem 959 beispielsweise die dynamische Allradtechnik für künftige Porsche-Generationen

Der 959 ist der Vater aller Neo Classics. Er war seiner Zeit weit voraus und begründete die neue Gattung der Supersportwagen.

Das Biturbo-Triebwerk setzte Maßstäbe in einem Straßensportwagen. Zahlreiche Komponenten sind aus dem Motorsport abgeleitet.

hervor. Der 959 wurde 1986 an die streng ausgewählte Kundschaft ausgeliefert. Der Einstandspreis auf dem Gebrauchtwagenmarkt stieg bei seiner Auslieferung deutlich über den Neupreis, der 959 wurde zum Spekulationsobjekt. Als „Wunder von Weissach" ging der 959 in die Automobilgeschichte ein.

1986 das schnellste Serienfahrzeug der Welt

Der Impuls für den 959 kam aus dem Motorsport. Der Sportwagenhersteller wollte sich auch im Rallyesport engagieren. Für die dafür relevante Gruppe-B-Homologation aber war der Bau von 200 Fahrzeugen vorgeschrieben. Deshalb präsentierte Porsche auf der IAA 1983 den ersten 959. Das Echo war so groß, dass die notwendigen 200 Einheiten bestellt wurden. Durch die komplexe Technik konnte die Auslieferung aber erst im Jahr 1987 beginnen. Zu den prominentesten Kunden gehörten Star-Dirigent Herbert von Karajan, gleich mit zwei Fahrzeugen, und der zweifache Rallye-Weltmeister Walter Röhrl.

Supersportwagen II

83

Der 911 GT1

Die Vorgaben kamen aus dem Motorsport. Ein Hersteller, der sich für die Gran-Turismo-Weltmeisterschaft 1996 eingeschrieben hatte, musste von dem geplanten Rennwagen mindestens 25 straßenzugelassene Exemplare bauen.

Ab Mai 1998 bekamen die erlauchten Kunden für den stolzen Preis von 1,55 Mio. D-Mark ein 3.2-Liter-Kraftpaket mit 544 PS. Das Triebwerk war der erste wassergekühlte Sechszylinder-Boxer, der jemals zwischen zwei Achsen eingebaut wurde. Diese Mittelmotoranordnung mit der daraus resultierenden optimalen Gewichtsverteilung war für die erforderliche Performance unumgänglich und machte zusätzlich auch die Montage eines Heckdiffusors möglich.

Der radikalste Elfer

Die Mischbauweise aus Stahlblech für den Vorderwagen und einem Gitterrohrrahmen für das Heck mit einer Abdeckung aus Carbon-Kevlar ließen den GT1 gerade einmal 1150 kg schwer werden. Mit einer Höhe von nur 1,1 m kommt der Spitzensportler regelrecht geduckt daher und erreicht eine Spitzengeschwindigkeit von 310 km/h. Der hohe Ein-

Der erste wassergekühlte Sechszylinder sorgte für mächtig Vortrieb. Da der Motor auf dem 911 basiert, gehört der GT1 auch noch zur Familie der Elfer.

Seltener Anblick: Ein GT1 schlängelt sich durch den Straßenverkehr.

standspreis war gut angelegt. Heute reicht die Summe in Euro für den Erwerb kaum aus.

Carrera GT – mit 70 neuen Patenten zum Spitzensportler

Nach dem 959 und dem GT1 war die Zeit reif für den nächsten Supersportwagen – und das Interesse sehr groß. Um den übermächtigen Konkurrenten von Bugatti und McLaren Paroli bieten zu können, sollte der V10-Rennmotor mit 5,7 Litern Hubraum die Basis des Wagens sein,

Neue Wege: Mit dem Carrera GT legte Porsche nochmals eine Schippe drauf. Aber es gab inzwischen gewaltige Mitbewerber wie Bugatti und McLaren.

Das Chassis des Carrera GT war ein Verbund aus Aluminium, Magnesium und Kohlefaser.

den Porsche für den Langstreckenklassiker Le Mans entwickelte. Das Chassis war ein Verbund aus Aluminium, Magnesium und Kohlefaser. Von 2003 an war der Carrera GT für rund 450.000 Euro zu haben, mit gezähmten 612 PS und einer Spitzengeschwindigkeit von 330 km/h. Profis waren sich nach der Präsentation auf dem ehemaligen Flugplatz Groß Dölln bei Berlin einig: eine pure Fahrmaschine.

918 Spyder – Mit System zum Rekord

Mit dem 918 lotete Porsche die Zukunft aus. Das neue Zauberwort hieß fortan „Systemleistung". Die mächtigen 893 PS setzten sich aus 129 Elektro-PS an der Vorderachse, 156 Elektro-PS an der Hinterachse und 608 PS von einem 4,6-Liter-Achtzylinder-Triebwerk zusammen. Die

Der 918 Spyder mit der aus dem Rennsport abgeleiteten Zauberformel „Plug-in-Hybrid"

neue, aus dem Rennsport abgeleitete Zauberformel nannte man Plug-in-Hybrid.

Das Publikum auf dem Automobilsalon in Genf im Jahr 2010 war begeistert und somit war der Weg frei für den Bau von insgesamt 918 Exemplaren. Dabei sollte nicht nur die Antriebseinheit Maßstäbe setzen. Sowohl das Chassis als auch die Außenhaut waren aus Kohlefaser. Durch die aufwendige Motorentechnologie mit den erforderlichen flüssigkeitsgekühlten Lithium-Ionen-Batterien hatte der Spyder ein Gewicht von 1634 kg.

Trotzdem lagen die Fahrleistungen über denen des Carrera GT und Marc Lieb meißelte mit 6:57 Minuten einen Rundenrekord in die Nürburgring-Nordschleife. Kein Sportwagen mit Straßenzulassung umrundete die „Grüne Hölle“ jemals so schnell.

Die Fahrleistungen des 918 Spyder lagen trotz der Gewichtszunahme über denen des Carrera GT.

Der Targa

Porsches Sicherheits-Cabrio

84

Bereits 1965 antwortete Porsche auf eine Diskussion in den USA, die Cabriolets als gefährlich brandmarkte, auf typisch pragmatische Weise: Das Unternehmen präsentierte auf der IAA den 911 Targa als das erste „Sicherheits-Cabriolet" der Welt mit einem gut 20 cm breiten Überrollbügel, herausnehmbarem Dachteil und hinterem Ministoffverdeck, das Soft-Window genannt wird. Wenig später folgt eine Panorama-Heckscheibe mit beheizbarem Glas. Der Name der offenen Variante – „Targa" – leitet sich von dem zuvor viermal gewonnenen Langstreckenrennen Targa Florio auf Sizilien ab.

Lange Suche nach einem passenden Namen

Mit der anvisierten Lösung eines offenen Elfers war es nicht mehr sinnvoll, diese Variante als Cabrio zu bezeichnen. So kamen Porsche-Führungskräfte zu einem Brainstorming zusammen, bei dem alle Rennstrecken der Welt aufgezählt und die Namen auf ihre Verwendung hin untersucht wurden. Ähnlich wie bei Mercedes, die ein Modell „Nürburg" gebaut hatten. Frei war der Name des Langstreckenrennens „Targa Florio" in den sizilianischen Bergen. Da aber „Florio" keinen Klang hatte und auch nicht in jeder Fremdsprache verständlich gewesen wäre, schlug Verkaufsleiter Harald Wagner (gestorben am 20. März 2023 im Alter von 99 Jahren)

Bereits der Prototyp aus dem Jahr 1963 macht deutlich, wohin die Reise für den offenen 911 geht.

die Bezeichnung Targa vor. Der Vorschlag wurde für gut befunden und in diesem Kreis abgesegnet. Was man damals noch nicht wusste, was sich im Nachhinein aber als glücklicher Zufall erwies, war, dass das italienische Wort Targa auf Deutsch Schild heißt.

Ungeheuerliches Potenzial

Harald Wagner, noch heute mit über 90 Jahren als Repräsentant von Porsche tätig, sollte nun Prognosen über die zu erwartenden Verkaufszahlen des Targa innerhalb der Modellpalette abgeben. Nachdem er beinahe täglich von seinen Kunden auf eine fehlende offene Version hingewiesen wurde, schätzte er den Targa-Anteil auf sagenhafte 40 Prozent. Und das, obwohl er bis dahin nur das Anschauungsmodell mit dem viel zu breiten Überrollbügel kannte. „Ein Riesending", erinnert er sich heute. Wagners Glauben an den offenen Elfer bestätigte sich bereits auf der Internationalen Automobil-Ausstellung (IAA) in Frankfurt im September 1965.

Mit dem Targa bekam Sicherheit eine neue Bedeutung

In der Pressemitteilung vom 1. September 1965 hieß es über das jüngste Modell des Hauses Porsche: „Der Targa ist weder ein Cabriolet noch ein Coupé, weder ein Hardtop noch eine Limousine, sondern etwas völlig Neues.

Mit ihm stellen wir nicht nur ein neues Auto vor, sondern eine neue Idee: Die Anwendung eines Sicherheitsbügels in der Serienproduktion und damit das erste Sicherheits-Cabriolet der Welt."

Frischluftvergnügen wie im Vollcabrio: Das Soft-Window der ersten Baujahre ist Kult, aber unglaublich unpraktisch.

Transaxle-Modelle

Neue Wege

85

1976 führte der Stuttgarter Sportwagenhersteller mit dem Typ 924 die Transaxle-Bauweise ein und betrat damit Neuland: Der Motor sitzt vorn, das Getriebe jedoch auf der Hinterachse. Mit den Typen 924, 928, 944 und 968 baute Porsche zwischen 1976 und 1995 damit eine Generation von Sportwagen, die von den bewährten Prinzipien des 911 weit abrückte, heute jedoch unter Oldtimerfans immer beliebter wird.

Porsche erfindet eine neue Baureihe

Topmodell der Transaxle-Baureihe war und ist der 928, der im Frühjahr 1977 der Öffentlichkeit vorgestellt wurde und ein Jahr später als erster Sportwagen das Prädikat „Auto des Jahres“ erhielt. In modernstem Leichtbau entstand ein elegantes 2+2-sitziges Coupé. Beide Türen, die vorderen Kotflügel sowie die Motorhaube sind aus Aluminium gefertigt. Der Rohbau der Karosserie besteht aus feuerverzinktem Stahlblech.

Motor vorne, Getriebe im Heck

Der erste Gran Turismo regte zu Studien an: So entstand der einzige 928 mit vier Türen, der jemals werksseitig für den Straßenverkehr

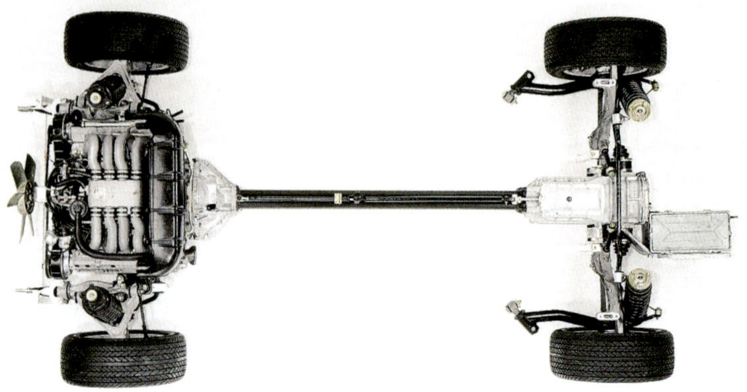

Revolutionäres Konzept sichtbar gemacht: Der Motor ist vorne, das Getriebe hinten und mit dem Transaxle verbunden

Familienbande: Alle Porsche-Modelle nach der Transaxle-Bauweise stimmungsvoll in Szene gesetzt.

zugelassen wurde, auf Initiative von Ferry Porsche in Zusammenarbeit mit American Specialty Cars (ASC). Die Renaissance des Sportcabriolets Ende der 1970er-Jahre führte darüber hinaus zu einer Studie eines offenen Gran Turismo.

Erstes Clubtreffen des Porsche Club 928 im Jahr 1997 im Allgäu, mit einer aufwendigen Foto-Inszenierung

Der 911 Turbo

Neue Dimensionen

86

Noch Anfang der 1970er-Jahre wurde die Abgas-Turboaufladung an Ottomotoren fast ausschließlich bei Rennmotoren eingesetzt. Um höhere Leistung aus einem bestimmten Hubraum zu bekommen, gab und gibt man sich nicht mit der vom Kolben angesaugten Luftmenge zufrieden. Man treibt stattdessen mit der überschüssigen Abgasenergie eine Turbine an, die über eine gemeinsame Welle mit einem Verdichter verbunden ist. Dieser saugt Frischluft an und drückt die vorverdichtete Luft in die Zylinder. Zusammen mit der entsprechend größeren Kraftstoffeinspritzmenge erreicht man Literleistungen, die den doppelten Wert einesw Saugmotors überschreiten können.

Aufgeladene Motoren gibt es im Motorsport schon lange

Dieses Prinzip machten sich schon alte Rennkonstrukteure in den 1920er- und 1930er-Jahren mit mechanisch angetriebenen Kompressormotoren zunutze. Mit dem von Porsche entwickelten Auto-Union-Rennwagen sei nur ein Beispiel aus der eindrucksvollen Renngeschichte von damals genannt.

Doch erfunden haben die Deutschen die Abgas-Turboaufladung nicht. Der Schweizer Ingenieur Alfred Büchi (1879–1959) war jener findige Mann, der das Prinzip bereits 1905 zum Patent angemeldet

Es hatte fast schon Tradition, dass die Familie besondere Exemplare bekam: Den ersten Turbo erhielt Louise Piëch bereits 1974.

Das erste Turbo Cabrio mit den Ferry-Porsche-Schriftzügen auf den Kopfstützen wurde auf der IAA in Frankfurt präsentiert.

hatte. Praktiziert wurde die Turbotechnik dann zunächst hauptsächlich an Dieselmotoren.

Ein Rennauto für die Straße

Für den Straßenbetrieb fehlte eine Vorrichtung, mit der die abgegebene Leistung beeinflusst werden konnte. Also besuchten die Porsche-Ingenieure alle damals bekannten Turbo-Pioniere wie Garret in Amerika, Bosch in Stuttgart und Eberspächer in Esslingen. Eine Zusammenarbeit kam dann aber letztendlich 1971 mit der weniger bekannten Firma Kühnle, Kopp & Kausch – kurz KKK – im Pfälzer Frankenthal zustande.

Im Lastenheft stand: Es musste beim Gasgeben schnell Ladedruck verfügbar sein, der beim Gaswegnehmen schnell verringert wurde. Die Porsche-Motoren-Versuchsingenieure sahen die Lösung in einer abgasseitigen Regelung. War also zu viel Ladedruck vorhanden, wurden die Auspuffgase nicht mehr durch die Turbine, sondern über eine „Bypass“ genannte Nebenleitung geleitet. Auf dieser Grundlage hatte der Siegeszug der Turbomotoren im Straßenbetrieb begonnen.

Die zweite Generation: Der abgebildete Turbo des Modelljahres 1978 hatte bereits 3,3 l Hubraum.

USA und Porsche

87

Eine Wechselbeziehung mit Höhen und Tiefen

Der Österreicher Maximilian E. Hoffman (1904–1981) war auf den Import europäischer Autos an die Ostküste der USA spezialisiert, sein Herz hing dabei an den Sportwagen aus Zuffenhausen. Um den Porsche 356 populär zu machen, beteiligte er sich erfolgreich an Automobilrennen, welche praktisch an jedem Wochenende und das ganze Jahr über stattfanden.

Der US-Markt wurde bald zum Exportschlager

Mitte der 1950er-Jahre vertrieb Hoffman ein Drittel der gesamten Porsche-Produktion in den USA – und machte seinen so gewonnenen Einfluss auch geltend. Nach seinen Vorgaben entstand der preisgünstige 356 Speedster, der ein großer Erfolg wurde. Heute würde man Hoffman wohl als Influencer bezeichnen. Er vermittelte den Schönen und Reichen in den USA die schwäbische Sportwagenlehre.

Gerne besuchte Ferry Porsche (rechts im Bild) Max Hoffman (Bildmitte) und nahm jedes Mal wieder Anregungen mit zurück nach Deutschland. Mit im Bild: Otto Erich Filius.

„Hoffman" war die erste Adresse in den USA für exklusive Fahrzeuge aus Europa.

Der US-Markt war für Porsche Fluch und Segen

Der hohe Marktanteil von Porsche-Fahrzeugen in den USA war stets Fluch und Segen zugleich, da der Erfolg des Sportwagenherstellers stark vom amerikanischen Markt abhing. So ging beispielsweise Mitte der 1980er-Jahre mehr als die Hälfte der Jahresproduktion in die USA. 1986 exportierte Porsche sogar 83 Prozent seiner Produktion. Doch die große Abhängigkeit des Unternehmens vom Dollarkurs war riskant. Sank der Dollar wie Ende der 1980er, schlitterte das Unternehmen in eine existenzielle Krise.

Die Dollarkrise wurde zur Porsche-Krise

Der Auftragsrückgang legte bei Porsche aber auch die Versäumnisse und Managementfehler der vergangenen Jahre offen, denn die Porsche-Modellpalette galt seit einiger Zeit als veraltet. Auch die Gesetzgebung in Kalifornien forderte die Ingenieure über Jahrzehnte. Maßgeblich bei der Fahrzeugentwicklung waren die strengen Abgasvorschriften von Kalifornien, und auch das „Sicherheits-Cabrio“ 911 Targa erdachten sich die Zuffenhausener, um gewappnet zu sein für verschärfte Sicherheitsvorschriften für Cabriolets.

Viersitzer

88

356, 911, 989 bis Panamera

Alle Ansätze, einen vollwertigen Viersitzer auf Basis der Modelle 356 oder 911 zu schaffen, verebbten still und leise, bis Ende der 1980er-Jahre unter der Ziffernfolge 989 ein durchaus ernstzunehmender Versuch eines Viersitzers entstand. Knapp eine Milliarde D-Mark waren für diesen vom Bug bis zum Heck völlig neuen Wagen budgetiert. Porsche versprach einen viersitzigen Sportwagen, der „keine Limousine im herkömmlichen Sinn" werden und in den Punkten Fahrleistungen, Sicherheit und Komfort neue Maßstäbe setzten sollte.

Alltagstauglichkeit war das Ziel der Studie

Der 989 sollte im Vergleich zum 928, dem bisher größten Porsche, einen um 32 cm größeren Radstand, also insgesamt 2,82 m, erhalten. Die Gesamtlänge nahm um 35 cm auf insgesamt 4,79 m zu. Das Gewicht sollte rund 1400 kg betragen. Es standen Optionen mit zwei und vier Türen zur Auswahl.

Aber auch das Projekt 989 wurde letztlich auf Eis gelegt, da Management und Gesellschafter Zweifel an den Marktchancen einer rund 150.000 Mark

Vier Sitzplätze und Sportwagen-Feeling, wie hier im Panamera, haben längst Schule gemacht.

teuren Sportwagen-Limousine hatten. Porsche bekannte sich dadurch eindeutig zu Zweisitzern. Lösungen und Erkenntnisse der Studie 989 wurden für die Entwicklung des Panamera übernommen.

Der 901-Vorläufer T7 existiert noch heute im Porsche-Museum. Er bot für die hinteren Passagiere noch mehr Platz.

Von 1977 an war der 928 der bisher größte Porsche. Zum 75. Geburtstag erhielt Ferry Porsche diese um 25 cm verlängerte Version mit dem internen Code H50.

Der Panamera löste die Vorgaben ein

Im Jahr 2008 war es dann so weit. Porsche hatte grünes Licht für die Entwicklung und Produktion einer vierten Baureihe gegeben. Bei dem neuen Fahrzeug mit dem Namen Panamera, abgeleitet vom Langstreckenrennen Carrera Panamericana, handelt es sich um ein Sport-Coupé der Premiumklasse mit vier Sitzen und vier Türen, das in verschiedenen Motorisierungen angeboten werden sollte, ausgelegt als Frontmotor mit Heckantrieb. Die Gesamtinvestitionen einschließlich des Entwicklungsaufwandes für diese Baureihe beliefen sich auf gut eine Milliarde Euro. Produziert wurde und wird der Panamera in Leipzig.

928 gebaut vom Automobilzulieferer ASC: Die zusätzlichen Fondtüren waren an der B-Säule angeschlagen.

Volkswagen

VW und Porsche gehören zusammen

Bereits von 1932 an arbeitete Porsche im Stuttgarter Konstruktionsbüro intensiv an einem preisgünstigen Kleinwagen. Es entstanden entstanden mit dem Porsche Typ 32 drei Prototypen mit einem im Fahrzeugheck montierten Vierzylinder-Boxermotor.

Die Garagen der Porsche-Villa wurden zur Werkstatt

Den Durchbruch für das Konzept brachte schließlich ein Exposé, welches Porsche am 17. Januar 1934 dem Reichsverkehrsministerium präsentierte. Bereits kurz darauf erhielt er den Auftrag für die Konstruktion und den Bau von Volkswagen-Prototypen.

In der laufenden Nummerierung der Konstruktionen erhielt das Projekt die Bezeichnung Typ 60. Im Herbst wurden in den Garagen der Stuttgarter Porsche-Villa die ersten drei Prototypen zusammengebaut. Die Karosserien entstanden bei Daimler.

Ehemaliges Versuchsfahrzeug: Ein Ur-Käfer VW 39 steht im Prototyp-Museum in Hamburg.

Zeitreise vor über 20 Jahren mit den Porsche-Konstruktionen 911, Käfer und 356

Das Projekt Volkswagen ging in großen Schritten voran

Im Jahr 1936 erhielt Porsche den offiziellen Auftrag für die Planung eines Werks zum Bau des Volkswagens, bereits am 26. Mai 1938 erfolgte die Grundsteinlegung des Volkswagenwerks bei Fallersleben.

Die in der Porsche-Villa gefertigten Prototypen wurden Tag und Nacht gefahren, insgesamt rund 50.000 Testkilometer. Letztlich führte aber ein

VW waren beliebt bei Skifahrern: Die Konstellation Heckmotor mit Heckantrieb versprach auch im Winter gute Traktion.

Großversuch (W 30) mit einer Flotte von 30 Fahrzeugen zur Serienreife. Addiert spulten die Fahrzeuge im Jahr 1937 über 2 Mio. Testkilometer ab. 1938 fertigte Reutter 30 weitere Prototypen, alle mit dem „Brezelfenster".

Der vordere Prototyp hatte noch deutlich kleinere Seitenscheiben. Im Hintergrund die Porsche-Villa.

Mark Webber

90

Vom Formel-1-Fahrer zum Markenbotschafter von Porsche

Mit dem Projekt „Mission E“ musste sich Porsche konsequent neu erfinden. Die Tragweite dieses Schritts in die Zukunft des Unternehmens kann man gar nicht unterschätzen. Sie ist einschneidender als der Modellwechsel vom 356 zum 911 Mitte der 1960er-Jahre, signifikanter als die internen Zerwürfnisse Mitte der siebziger Jahre, als der neue Gran Turismo 928 den 911 ablösen sollte, und radikaler als die Veränderungen Mitte der 1990er-Jahre, als man den 911 wasserkühlte und ihn auf ein Baukastensystem mit dem Boxster umstellte.

Mit den technischen Veränderungen kamen auch neue Menschen nach vorn

Neue Wege brauchen neue Gesichter. Walter Röhrl, das Fahrgenie, war über Jahrzehnte das Gesicht von Porsche. Der zweifache Rallye-Weltmeister verkörperte Fahrspaß und Technik. Das Gesicht, das für die neue Ära von

Der ungewöhnlich lässige Mark Webber: Eines der ersten Foto-Shootings mit dem Mission E

Porsche steht, heißt aber Mark Webber (geb. 1976). Der ehemalige Formel-1-Fahrer ist inzwischen Porsche-Marken-Botschafter und unterstützt das Unternehmen sogar als Moderator bei der Vorstellung neuer Modelle. Niemals zuvor hat sich der Australier so leger, barfuß und in Jogginghose, ablichten lassen, wie bei einem Fototermin für ein neues Nachhaltigkeitsmagazin im Jahr 2017. In diesem Outfit steht er für eine Generation, die sich der knappen Ressourcen bewusst ist und der die Zukunft der Erde am Herzen liegt.

Mark Webber wurde zum Repräsentanten der E-Mobilitäts-Offensive von Porsche auserkoren.

Ein Weltklasse-Pilot, der Porsche-Werte verkörpert

Mark Webber war für Porsche kein Unbekannter: Er pilotierte den 919 Hybrid in der Langstrecken-WM. Insgesamt fuhr der 42-Jährige über 20 Jahre Autorennen, allein zwölf Jahre davon in der Formel 1.

Für die Marke Porsche: Mark Webber mit Hollywood-Star Patrick Dempsey auf Sylt

Weissach

91

Die Denkfabrik – auch für Kunden

Rund 6500 Beschäftigte arbeiten inzwischen in Weissach. In der kleinen Gemeinde vor den Toren Stuttgarts wurde bereits 1961 eine Teststrecke in Betrieb genommen, doch so richtig los ging es erst im Jahr 1971. Die Fahrzeugentwicklung zog von Zuffenhausen in die 7500-Einwohner-Gemeinde. In Zuffenhausen gab es keine Erweiterungsmöglichkeiten mehr und auch an eine Teststrecke war in unmittelbarer Nähe vom Porsche-Stammsitz nicht möglich.

Bereits in den 1970er-Jahren wurden in Weissach auch Fremdaufträge realisiert. Dieser Geschäftszweig wurde in den 1980er-Jahren erheblich ausgebaut, um Entwicklungsaufträge für Unternehmen wie Volkswagen, Airbus, Linde oder der TAG-Gruppe ausführen zu können. Im Herbst 1982 wurde das Messzentrum für Umweltschutz (MZU) eröffnet, die erste autark arbeitende Abgasprüfanlage der Welt. Die in Weissach betriebenen Rollenprüfstände simulierten computergesteuert die realen Fahrzustände und machten erstmals unterschiedliche Testzyklen reproduzierbar.

Und im Juni 1986 erhielt die Denkfabrik in Weissach ein neues Messzentrum für Aerodynamik. Bald darauf folgte eine Crashtest-Versuchsanlage. So wuchs das Entwicklungszentrum in Weissach stetig, um sowohl den eigenen Ansprüchen als auch den Kundenwünschen gerecht zu werden. Weissach steht längst weltweit für besondere technische Lösungen. So gilt die Weissach-Hinterachse bis heute als revolutionäre Entwicklung, die mit ihren Selbstlenkeigenschaften Geschichte geschrieben hat.

Auf der Teststrecke in Weissach wird heute praktisch rund um die Uhr gefahren. Auf dem Foto ein Reifentest in den 1970er-Jahren.

Zahlen & Mythen: der Urahn

92

Porsche 356 „Nr.1" Roadster

Als 1948 das notwendige Geld zusammengekratzt war, bauten die Enthusiasten um Ferdinand und Ferry Porsche mit Chefkonstrukteur Karl Rabe und Karosseriekonstrukteur Erwin Komenda einen ersten Prototypen zusammen.

Mit Willenskraft und durch Improvisation zum Ziel

Niedrig und flach war der Porsche 356 „Nr.1" Roadster. Eine handgedengelte Aluminiumkarosserie spannte sich über den sportlichen Stahlrohrrahmen, der Vierzylinder-Boxer war in Mittelmotorposition eingebaut, also vor der Hinterachse. Die Technik stammte im Wesentlichen vom Volkswagen, dessen Produktion inzwischen, wenn auch zaghaft, begonnen hatte. Ferry Porsche, der den Volkswagen konstruiert hatte, standen in Wolfsburg alle Türen offen. Deshalb versäumte er es nicht, sich im September 1948 vom damaligen VW-Chef Heinz Nordhoff zum Generalimporteur für Österreich eintragen zu lassen. Dieser Schritt sicherte Porsche zusätzlich den Bezug von VW-Baugruppen, die er für seine Porsche-Sportwagenträume benötigte. Stück für Stück (fünf Wagen pro Monat) entstanden im Süden Österreichs bis März 1951 insgesamt 44 Coupés und acht Cabrios.

Handgedengelte Aluminiumhaut und Mittelmotor: Die Nr. 1 legte den Grundstein für eine Erfolgsstory ohne Beispiel.

Porsches Erfolgsrezept: das Leistungsgewicht

Die Teststrecke der Porsche-Techniker führte von Gmünd zum 17 km entfernt gelegenen Katschberg. Porsche hatte den 356 „Nr. 1" Roadster höchstpersönlich den Berg hinaufgescheucht und berichtete nach der Testfahrt begeistert von dem 35-PS-Renner: „Der Wagen schaffte spielend 130 km/h, obwohl es sich um ein nur mäßig getuntes 1,1-Liter-VW-Triebwerk handelt." Der „Nr. 1" wog fahrfertig gerade einmal 585 kg.

Zurück zu den damaligen Tests: Vor allem die steile Katschberg-Nordkurve und die sich anschließende Turracher Höhe waren ideale Teststrecken mit enormen Anforderungen an das Material. Der Roadster wurde so oft hinaufgejagt, bis die hintere Radaufhängung riss.

Porsche-Fahrzeuge wurden zum Exportschlager

Noch1948 wurde der erste Porsche an den Schweizer VW-Importeur verkauft, der die Produktion der ersten Wagen mit Materialien unterstützte. Danach vagabundierte der Wagen nach Österreich, in die Schweiz und zurück zum Stammsitz in Zuffenhausen und wurde weiter modernisiert, bis er wieder zu Porsche zurückfand. Hier musste das gute Stück dann mühsam wieder in den Originalzustand zurückversetzt werden. Zu den Jubiläumsfeierlichkeiten „70 Jahre Porsche" ging der Urahn erneut auf Reisen, diesmal weltweit. Dr. Wolfgang Porsche fuhr das erste zugelassene Fahrzeug des Sportwagenherstellers bei den Demonstrationsrunden im Rahmen der Porsche Rennsport Reunion im September 2018 auf dem WeatherTech Raceway Laguna Seca und erinnerte sich: „Mein Vater hat sein Traumauto damals nirgends finden können. Also hat er es selbst gebaut."

Der Erste, abgelichtet zum 70. Firmenjubiläum

Von A, B und C wurden über 70.000 Einheiten gefertigt

17 Jahre lang wurde der Porsche 356 schließlich gebaut, in 77.361 Einheiten. Er war das erste Auto, das den Namen Porsche trug, und brachte der Marke Weltruhm ein. Als 1947 die erste Konstruktionszeichnung für das Projekt 356 entstanden war, hatte noch niemand geahnt, dass dieser Sportwagen bis Mitte der 1960er-Jahre erfolgreich sein würde, und das n den vier wesentlichen Generationen Vor A, A, B und C.

Im Mai 1966 baute Porsche den letzten 356. Damals war sein Nachfolger, der 911, bereits in Produktion.

In Reih und Glied: Die meisten 356 Speedster gingen in die USA.

Zahlen & Mythen: 901

93

Die Ur-Modelle

Porsche hat niemals einen Serienelfer mit der Bezeichnung 901 an Kunden ausgeliefert. Das Veto von Peugeot gegen die Bezeichnung 901 für ein Straßenfahrzeug (genaugenommen drei Ziffern mit einer Null in der Mitte) erfolgte sofort nach dem Automobilsalon in Paris im Oktober 1964. Dazu gab es am 13. Oktober 1964 eine Aktennotiz von dem damaligen PR-Chef Huschke von Hanstein. Wolfgang Raether verfasste daraufhin eine Entscheidungsvorlage und am 22. Oktober 1964 entschied Ferry Porsche, dass die neuen Wagen nun 911 beziehungsweise 912 heißen werden.

1964 wurden die ersten 911 an Großhändler ausgeliefert

Die ersten Elfer wurden am 16. und 17. November des Jahres an die deutschen Großhändler und die europäischen Importeure in Zuffenhausen ausgeliefert. Es waren 37 Vorführwagen mit Fahrgestellnummern zwischen 300 007 und 300 110. Hinzu kam ein Fahrzeug für Australien. Die ersten Privatkunden bekamen sie nochmals einige Tage später. Alle Fahrzeuge trugen schon die Bezeichnung 911.

Trödlerfund: Porsche hat die Fahrgestellnummer 57 mit dem höchstmöglichen Substanzerhalt restauriert.

Auf den Spuren des 911: Nummer 57 ist nach fast zwei Jahren Arbeit wieder voll fahrbereit.

Bis 10. November 1964 hießen die Fahrzeuge intern 901

Firmenintern wurde allerdings noch genauer unterschieden. Die erste Serienkarosserie mit der Fahrgestellnummer 300 007 lief am 14. September 1964 vom Band. Interessanterweise wurde die erste Fahrgestellnummer erst am 17. September 1964, also drei Tage später, produziert.

Da die Produktion dieser ersten Fahrzeuge aber vor dem Veto von Peugeot erfolgte, wurden die Fahrzeuge intern noch als 901 bezeichnet. Der interne Wechsel zur Bezifferung 911 erfolgte konsequent ab dem 10. November 1964 mit der Fahrgestellnummer 300 049, also noch vor der Auslieferung der ersten Fahrzeuge.

Fahrgestell- und Produktionsnummern anfangs gleich

Das bedeutet aber nicht, dass 49 Fahrzeuge intern als 901 geführt wurden, da, wie schon bei den ersten Fahrzeugen aufgezeigt, die Wagen nicht mit chronologisch aufeinanderfolgenden Fahrgestellnummern produziert wurden. So wurden beispielsweise bereits am 5. November 1964 die Fahrzeuge 74 und 79 mit der internen Bezeichnung 901 hergestellt. Insgesamt liefen 82 Fahrzeuge unter der internen Bezeichnung 901.

Inzwischen lassen sich Reihenfolge und Stückzahlen der Elfer-Produktion rekonstruieren. So kann auch erstmals konkret gesagt werden, dass 1964 exakt 232 Fahrzeuge dieses Typs produziert wurden.

Zahlen & Mythen: 912

94

Der Elfer mit vier Zylindern, erst abgelöst durch den 914

Die Entwicklung des 901 war schon sehr weit fortgeschritten, als Porsche über eine kostengünstigere Version nachzudenken begann. Erst Ende 1962 gab die Geschäftsleitung den Auftrag, den 356 SC-Serienmotor Typ 616/7 mit 1600 cm³ Hubraum in einen 901-Prototyp zu montieren.

Der kleine Bruder des 911 war eine eigene Erfolgsstory

„Meine erste Aufgabe in der Versuchsabteilung war es, den Vierzylindermotor 616 in das 901-Blechkleid einzubauen", erinnerte sich Paul Hensler, der 1958 direkt von der Hochschule zu Porsche gekommen war. Als sie diese Forderung erfüllen wollten, stießen die Ingenieure auf Probleme. So wurde ein neues Schwungrad notwendig. Deshalb protokollierte Motorenkonstrukteur Leopold Jäntschke am 22. Juni 1963 den Vorschlag seiner Abteilung, auch für den kleinen Motor die verstärkte Fichtel & Sachs-Kupplung der Sechszylinder zu verwenden. Darüber hinaus war wegen der hinteren Motoraufhängung eine Änderung an der Rückwand des Motorraums nötig.

911 oder 912: Nur der Schriftzug auf dem Heckdeckel und die kleinere Auspuffanlage geben Aufschluss.

911 oder 912: Das Rätselraten bei geöffnetem Motordeckel ist ein Kinderspiel.

Der 912 als gekonnte Kombination aus 911 und 356

Die ersten Fahrversuche liefen zufriedenstellend und machten deutlich, dass diese Kombination zweier vorhandener Komponenten einen durchaus akzeptablen Porsche ergab. Man wollte mit dem „kleinen Porsche" die Fahrleistungen des 356 SC erreichen, gleichzeitig aber die Vorteile der 901-Karosserie bieten.

Durch den reduzierten Preis wurde der 912 zum Erfolg

Den endgültigen Ausschlag für die Entwicklung dieses Sprösslings gab dann die Internationale Automobil-Ausstellung (IAA) in Frankfurt im September 1963. Dort wurde besonders der vorgesehene Preis für den 901 kritisiert. 23.900 D-Mark erschien vielen zu teuer, auch wenn eine Lederausstattung zum Serienumfang gehörte. Damit war der 901 nämlich rund 7000 D-Mark teurer als der letzte 356. Natürlich hatte der später als 911 verkaufte Wagen einiges mehr zu bieten, aber Preisregionen über 20.000 D-Mark waren damals nur einem sehr kleinen Käuferkreis vorbehalten.

Weil Vierzylindermotoren deutlich billiger waren als die Sechszylinder, beschloss die Geschäftsleitung, den 901 mit dem kleineren Triebwerk anzubieten. Anfang der 1970er-Jahre gab es noch für kurze Zeit den 912 E. Danach aber dankte der Vierzylinder ab und überließ dem 914 das Feld des Einstiegs-Porsche mit Vierzylinder-Triebwerk.

Zahlen & Mythen: 964

95 Mit diesem Elfer gelingt der Neustart

Die dritte Generation des Sportwagens, hausintern als Typ 964 bezeichnet, vereint die traditionelle Silhouette des Klassikers mit hochmoderner Technologie. Sie ist auch eine Wette auf die Zukunft des Unternehmens, das zu der Zeit wirtschaftlich eine schwierige Phase durchläuft.

Mit dem 964 kam die Variantenvielfalt

Wie fortschrittlich der neue Elfer ist, zeigt gleich die erste Modellvariante: An Bord des Carrera 4 zieht erstmals ein Allradantrieb in die Baureihe ein. Konzipiert hatte Porsche ihn für den Hochleistungssportwagen 959. Mit seiner elektronisch gesteuerten und hydraulisch geregelten Kraftverteilung ist er seiner Zeit weit voraus. Dabei greift das Allradsystem auf die Sensoren des Antiblockiersystems (ABS) zurück, das nun – ebenso wie die Servolenkung – nicht nur optional erhältlich ist, sondern zur Serienausstattung zählt. 1989 folgt der 911 Carrera 2 mit Heckantrieb. Zeitgleich feiern neben dem Coupé

Kraftvoll aus jeder Perspektive: Die lackierten Stoßstangen des 964 runden das Gesamtbild ab.

Frühe Version des 964 mit den Felgen im Scheiben-Design und den eckigen Rückspiegeln

auch Cabriolet- und Targa-Versionen ihr Debüt. Auch für sie gilt: Unter der vertrauten, praktisch nur mit integrierten Stoßfängern modifizierten Karosserie besteht der 964 zu 85 Prozent aus neu konstruierten Teilen.

Auch der Allradantrieb hält Einzug

Der luftgekühlte Sechszylinder erhält mit 3,6 Litern einen weiteren Hubraumschub und leistet in den Carrera 2/4-Modellen 250 PS. Technisches Novum am Boxer-Triebwerk ist die Doppelzündung, die Porsche ursprünglich aufgrund der höheren Betriebssicherheit für Flugzeugmotoren entwickelt hatte. Zugleich entfällt der aerodynamische Auftrieb an der Hinterachse, dank des jetzt ausfahrbaren Heckspoilers, nahezu komplett. Noch etwas anderes ist neu: das adaptive Tiptronic-Getriebe. Es ermöglicht nahtlose Schaltvorgänge ohne Schubkraftunterbrechung.

An der Spitze des 911, Typ 964, stehen die aufgeladenen Versionen. Zunächst übernimmt der 911 Turbo den nunmehr 320 PS starken 3,3-Liter-Motor des Vorgängers. Im 911 Turbo S leistet er sogar 381 PS. Anfang 1993 folgt der Wechsel auf den neuen 3,6-Liter-Motor, damit liegen 360 PS an. Ab Oktober 1993 klopft der Nachfolger an die Tür, die Sportwagen-Ikone macht den nächsten Schritt. Porsche produziert vom Typ 964 zwischen 1988 und 1994 insgesamt 63.762 Fahrzeuge.

Farbenfroh kamen die Modelle 964 zu den Kunden.

Zahlen & Mythen: 991

96

Die siebte Generation

Ab 2011 verkörpert der Typ 991 die bis dahin höchste Entwicklungsstufe. Der Elfer steht durch seine noch breitere Spur und den um 10 cm gestreckten Radstand kraftvoll da, wie kein anderer 911 vor ihm. Hinzu kommt eine adaptive Aerodynamik, die der Elfer als erster Seriensportwagen von Porsche vom Hybrid-Supersportler 918 Spyder übernimmt.

Gewichtsersparnis im Detail wurde immer wichtiger

Die Karosserie ist durch ihre Aluminium-Stahl-Bauweise leichter und trägt insgesamt zu 45 kg Gewichtsersparnis bei. Und trotz der Leichtbauweise ist sie steifer. Der Einstiegs-Sechszylinder begnügte sich mit 3,4 Litern Hubraum, entwickelte aber dennoch 350 PS. Aus 3,8 Litern schöpften das S-Modell 400 und der GTS sogar 430 PS.

2015 präsentierte Porsche die Neuauflage des 991 mit zwei Turboladern. In Kombination mit einem 3,0-Liter-Motor setzt dies bei den drei Carrera-Versionen Basis, S und GTS jetzt 370, 420 beziehungsweise 450 PS frei. Erstmals beschleunigt ein 911 Carrera in weniger als 4 Sekunden von 0 auf 100 km/h.

Formintegration: Die schiere Größe des 991 wurde nur im direkten Vergleich zu seinem Vorgänger deutlich.

Ausgeklügelte Technik: Cabrio-Vergnügen ist theoretisch auch im Winter möglich.

Die Leistungsspirale erreicht bei den Turbo- und GT-Varianten ebenfalls neue Sphären, so wie die 700 PS im 911 GT2 RS. Mit 340 km/h ist er der schnellste Serien-Elfer der Modellgeschichte. Und der 520 PS starke 911 GT3 RS konzentriert mit seinem 4,0 Liter großen Hochdrehzahl-Saugmotor das größte Maß an Rennsporttechnologie, das Porsche bis dahin in einem Straßenfahrzeug angeboten hat.

Insgesamt war der 991 ein absoluter Bestseller: Von 2011 bis zum 31. Oktober 2018 wurden 217.930 Exemplare gebaut.

Deutlich mehr Platz und Raumgefühl bot der 991.

Zahlen & Mythen: 992

97 Die achte Generation

Der Porsche 911 startete am 27. November 2018 mit einem Paukenschlag in Detroit in die nächste Runde. Der Wagen wirkte im Auftritt durch deutlich breitere Radhäuser in Kombination mit den großen Rädern der Dimension 20 Zoll für vorne und 21 Zoll für hinten nochmals muskulöser und wies mit einem komplett neuen, von einem 10,9 Zoll großen Touchscreen-Monitor geprägten Interieur in die Zukunft des Automobils. In der ersten Pressemitteilung war zu lesen: „Intelligente Bedien- und Fahrwerkelemente sowie innovative Assistenzsysteme verbinden die überlegen kompromisslose Dynamik des klassischen Heckmotor-Sportwagens mit den Ansprüchen der digitalen Welt."

Der 992 konnte mit weiteren Superlativen aufwarten

Weiterentwickelt auf 450 PS präsentiert sich auch die nächste Generation aufgeladener Sechszylinder-Boxermotoren. Ein verbessertes Einspritzverfahren und neu angeordnete Turbolader samt Ladeluftkühlung erhöhen den Wirkungsgrad im Antrieb. Die Kraftübertragung über-

Spektakuläre Aktion im Rahmen des „GP Ice Race" in Zell am See im Januar 2019: Ein Hubschrauber brachte den 992 auf eine Alm zur Präsentation.

Für die Weltpremiere am 28. November 2018 in Los Angeles stand Mark Webber Pate für die neue Generation.

nimmt ein neu entwickeltes Achtgang-Doppelkupplungsgetriebe. Weitere Highlights sind der Porsche „Wet Mode" für noch mehr Sicherheit beim Fahrverhalten auf nassen Straßen, der Nachtsichtassistent mit Wärmebildkamera sowie die umfassende Konnektivität, welche die sogenannte Schwarmdaten-basierte Online-Navigation nutzt. Mit Ausnahme des Bug- und Heckteils besteht nun die gesamte Außenhaut aus Aluminium.

Erster öffentlicher Auftritt außerhalb einer Messe bei minus zehn Grad: Der 992 wurde auf einer Alm mit Blick auf Zell am See präsentiert.

Zahlen & Mythen: 993

98

Die vierte Generation geriet zum Höhepunkt der luftgekühlten Ära

Liebhaber und Sammler haben geurteilt: Der Typ 993 gehört zu den begehrenswertesten Ausführungen aller jemals gebauten Elfer. Obwohl praktisch nur die Dachlinie unverändert bleibt, begeistert das neue Modell ab 1993 mit einer spannenden Interpretation der 911-Design-DNA. Integrierte Stoßfänger, bündig eingefasste Scheiben sowie die breit ausgestellte Heckpartie mit ihrem angewinkelten Leuchtenband begeistern nahezu jeden Sportwagenfan und trösten schnell über die abgeflachten vorderen Kotflügel hinweg, die Puristen so liebten.

Und der Motor ...

Der letzte luftgekühlte Sechszylinder-Boxer liefert einen weiteren Grund, weshalb der 993 so hoch im Kurs steht. Anfänglich 272 PS stark, leistet der Zweiventiler – erneut mit einer Doppelzündung ausgestattet – ab 1995 bereits 285 PS. Auch am Fahrwerk brilliert der 993 – mit dem komplett neu konstruierten Aluminium-LSA-Fahrwerk. Es vereint Leichtbau, Stabilität und Agilität.

Die Krönung: Die letzte luftgekühlte Version des Elfers war auch die Schönste.

Kraftpaket: Der 911 GT auf Basis des 993 gehört heute zu den gesuchtesten Elfern überhaupt.

Der Targa bekam ein großes Glasdach

Porsche bietet den 993 zunächst nur als Coupé und Cabriolet an. Der Targa debütiert erst 1995, dafür aber mit einem neuen Konzept: Statt eines herausnehmbaren Dachteils besitzt er ein großflächiges Glasdach, das elektrisch unter der Heckscheibe abtauchen kann. 1998 und nach 68.881 produzierten Fahrzeugen endet mit der vierten Generation das Kapitel der luftgekühlten Motoren in dieser einzigartigen Modellgeschichte.

Zahlen & Mythen: 996

99 Erster Elfer mit wassergekühltem Boxer-Triebwerk

Mit der fünften Generation des 911 bricht Porsche im Jahr 1997 konsequent mit der Luftkühlung. Nach 34 Jahren setzt der Sportwagenhersteller mit dem neuen Elfer eine umfassende Neuausrichtung seiner Ikone um und löst damit dringend anstehende Aufgaben.

Das erste Kapitel einer neuen Ära

Besonders im Fokus stehen die Senkung der Produktionskosten durch eine höchstmögliche Teilekompatibilität mit anderen Baureihen wie dem neuen Boxster sowie die aktualisierten Sicherheits- und Abgasvorschriften. Der 996 tritt ein schweres Erbe an. Mit ihm findet Porsche zwar den Weg in die Zukunft, doch der Aufschrei der Fangemeinde war groß.

Das Ergebnis war zunächst einmal eine schnörkellose, komplett neu entwickelte Karosserie. Die Abmessungen sind gewachsen: 18,5 cm gewann

Gewöhnungsbedürftig: Die Lichteinheit war anfangs als Spiegelei-Design verpönt.

Der 996 GT2-Motor stammt aus dem Rennwagenbau und ist wesentlich haltbarer als die Serientriebwerke.

der neue Elfer in der Länge hinzu. Und zum zweiten Mal in der Geschichte der Baureihe wird der Radstand gestreckt: um 80 mm. 3 cm wächst die Karosserie in der Breite. Davon profitiert auch das Interieur: Der 996 bietet mehr Ellbogenfreiheit und ein großzügigeres Raumgefühl. Ebenfalls neu gestaltet ist das Armaturenbrett: Die Formen der fünf Rundinstrumente gehen ineinander über – auch das ein Bruch mit Konventionen.

Boxermotor mit prominenter Vorgeschichte

Die größte Revolution aber vollzieht sich im Heck: Das flach bauende Boxer-Prinzip des Motors bleibt – nicht aber seine Luftkühlung; denn ihr fehlen die Reserven für immer strengere Abgasvorschriften. Die neu entwickelte Wasserkraftanlage ist gewappnet für die Zukunft. Die Leistungswerte auch: Der Vierventil-Sechszylinder schöpft 300 PS aus 3,4 l Hubraum, so viel wie einst der legendäre 911 Turbo 3.3. Aus 3,6 l nach dem Motoren-Facelift folgen 320 PS. Der 911 Turbo erhält ebenfalls einen neuen wassergekühlten Boxermotor.

Als 3,2 Liter großer Sechszylinder trieb dieser schon den 911 GT1 zum Le-Mans-Sieg 1998. Dank doppelter Aufladung leistet er im Serienauto 420 PS. Damit ist dieser 911 Turbo das erste Serienmodell von Porsche, das die 300-km/h-Marke durchbricht. Zwischen 1997 und 2005 stellte Porsche vom Typ 996 insgesamt 175.262 Fahrzeuge her.

Zahlen & Mythen: 997

Das Design wird gefälliger

100

Ab 2004 präsentiert sich der Porsche 911 so vielfältig wie nie zuvor: Er steht als Coupé und Targa, Cabriolet und Speedster, mit Heck- und Allradantrieb, schlanker und verbreiterter Karosserie, mit wassergekühlten Saug- und Turbomotoren, als GTS sowie in den Sportversionen GT2, GT2 RS, GT3 und gleich zwei GT3 RS-Ausführungen zur Wahl. Inklusive Sondermodellen erreicht das Angebot 24 Modellvarianten – ergänzt durch zahlreiche Individualisierungsmöglichkeiten.

Neue Bestmarken des 997

Das Design des 997 wirkt mit seinem stärker modellierten Heck spürbar maskuliner, bei den S-, GT- und Turbo-Modellen kommen in der Breite weitere 44 mm dazu. Zum Vorgänger grenzt sich der 997 vor allem durch die steiler stehenden, runden Klarglasscheinwerfer ab, die ein wichtiges Stilelement der luftgekühlten Elfer zitieren.

Und natürlich bietet die Generation 997 auch technisch mehr: Der 3,6 l große Sechszylinder des Carrera leistet zunächst 325 PS. Für die S-Modelle wird die Zylinderbohrung um 3 mm erweitert. Mit dann

3,8 l Hubraum kommt auf diese Weise der bislang größte Boxermotor in einem Serien-Elfer zum Einsatz. Für die Modellpflege 2008 überarbeitet Porsche die Motorenpalette grundlegend und setzt erstmals auf Benzindirekteinspritzung.

Update 2008 und Sondermodelle

Dadurch sinken Verbrauch und Emissionen deutlich. Auch der 911 Turbo profitiert von der Technologieoffensive: Sein 3,6-Liter-Motor erhält, als erster Benziner überhaupt, Turbolader mit variabler Turbinengeometrie. Die spätere Umstellung auf 3,8 l Hubraum und Direkteinspritzung ermöglicht den Sprung von zunächst 480 auf 500 PS.

Zugleich zeichnet sich die Generation 997 durch begehrliche Sondermodelle aus, so etwa den 911 Sport Classic. Alle 250 Exemplare finden binnen 48 Stunden einen Käufer.

Vom 911 Speedster – ebenfalls 408 PS stark – bietet Porsche 356 Stück an. Eine besondere Spezialität stellt der 911 Turbo S Edition 918 Spyder dar: Er verkürzt künftigen Besitzern eines neuen 918 Spyder die Wartezeit auf ihren Hybrid-Supersportler – nur diese 918 Glücklichen können das Sondermodell bestellen. Zwischen 2004 und 2012 produziert Porsche insgesamt 213.004 Sportwagen des Typs 997.

Links ein früher 996 und rechts das 997 Cabriolet. Die Kunden liebten den 996-Nachfolger.

Zuffenhausen

101 Große Investitionen in die Zukunft

Der langjährige Betriebsratschef Uwe Hück ließ keine Gelegenheit aus, um zu betonen: „In Zuffenhausen schlägt das Herz von Porsche". 1938 bezieht das Unternehmen mit dem Namen Dr. Ing. h. c. F. Porsche KG erstmals das markante Backsteingebäude „Werk 1". Kriegsbedingt verlagerte man den Firmensitz dann für wenige Jahre nach Gmünd, kehrte aber bereits Ende 1949 wieder zurück nach Zuffenhausen, um den Typ 356 in Serie zu produzieren.

Seither expandiert das Unternehmen kontinuierlich. Die Produktionsstätten in Zuffenhausen wurden in den vergangenen acht Jahrzehnten immer wieder modernisiert, umgebaut und erweitert. Zu den wichtigsten Schritten gehören dabei: Im Jahr 1952 die vom Stuttgarter Architekten Rolf Gutbrod entworfene Montagehalle des Werk 2, dann Dezember 1963 der Kauf des Karosseriewerks Reutter, 1988 ein Karosseriewerk mit hochflexibler Fertigung und zusätzlich die erste Förderbrücke über der Schwieberdinger Straße, im Jahr 2011 eine Lackiererei und 2015 schließlich das neue Ausbildungszentrum.

Das einzig Beständige ist der Wandel

Von 2019 an produziert das Stammwerk zusätzlich zu den Modellen 911 und 718 den ersten rein elektrisch angetriebenen Sportwagen von Porsche. Allein für den Taycan investiert das Unternehmen in Zuffenhau-

Der Porscheplatz 1 in Zuffenhausen ist mit dem Museum, dem Porsche Zentrum und der Skulptur längst zur Pilgerstätte geworden.

Die Produktion der frühen Modelle erfolgte noch in hoher Fertigungstiefe.

sen 700 Millionen Euro und schafft dort mehr als 1200 neue Arbeitsplätze. Die aktuellen Bauarbeiten sind die bisher umfangreichsten in der Werksgeschichte. Eine neue Lackiererei und eine Montagehalle wurden 2019 in Betrieb genommen. Das bestehende Motorenwerk wird für die Herstellung von Elektroantrieben ausgebaut und der Karosseriebau erweitert. Eine zweite Förderbrücke über der Schwieberdinger Straße für den Transport der lackierten Karosserien und der Antriebseinheiten ist bereits mit der Fördertechnik ausgestattet. Insgesamt investiert Porsche bis 2022 mehr als 6 Mrd. Euro in Elektromobilität.

Tradition behütet: Das Werk 1 in Zuffenhausen hat Geschichte geschrieben.

Powered by Porsche: Der Behnke-Condor von 1969 mit einem Carrera 6-Triebwerk

Powered by Porsche: KMW von 1972 mit Carrera RSR 2.8-Triebwerk.

PORSCHE-KREMER
51
Vaillant
Shell
BILSTEIN
BOSCH
Girling
Vaillant
51

Im Zeichen des Sponsors Vaillant: Porsche 935 Kremer K2 und Porsche 917/30-001

Impressum

Verantwortlich: Jerome P. Schäfer
Produktmanagement und Layout: BUCHFLINK Rüdiger Wagner
Korrektorat: Ralf J. Klumb | The Wordworms
Repro: LUDWIG:media
Herstellung: Elke Mader
Printed in Poland by CGS Printing

Sind Sie mit diesem Titel zufrieden? Dann würden wir uns über Ihre Weiterempfehlung freuen. Erzählen Sie es im Freundeskreis, berichten Sie Ihrem Buchhändler oder bewerten Sie bei Ihrem nächsten Onlinekauf. Und wenn Sie Kritik, Korrekturen oder Aktualisierungen haben, freuen wir uns über Ihre Nachricht an GeraMond Media GmbH, Postfach 40 02 09, D-80702 München oder per E-Mail an lektorat@verlagshaus.de.

Unser komplettes Programm finden Sie unter 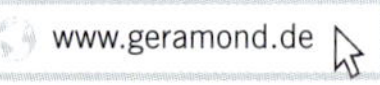

Alle Angaben dieses Werkes wurden vom Autor sorgfältig recherchiert und auf den neuesten Stand gebracht sowie vom Verlag geprüft. Für die Richtigkeit der Angaben kann jedoch keine Haftung übernommen werden, weshalb die Nutzung auf eigene Gefahr erfolgt. Sollte dieses Werk Links auf Webseiten Dritter enthalten, so machen wir uns die Inhalte nicht zu eigen und übernehmen für die Inhalte keine Haftung.

Die Deutsche Nationalbibliothek verzeichnet diese Publikation in der Deutschen Nationalbibliografie; detaillierte bibliografische Daten sind im Internet über http://dnb.d-nb.de abrufbar.

Quellenangaben: „Porsche 911 – Forever young“, Motorbuch Verlag Auflage 2004
„Porsche Raritäten – Prototypen und Autos, die nie in Serie gingen“, GeraMond Verlag 2009
„Huschke von Hanstein – Der Rennbaron“, Könemann Verlagsgesellschaft mbH 1999
Pressemitteilungen und Publikationen der Porsche AG
Online-Medium „Im schalensitz“, Ausgaben 2010

Bildnachweis: Tobias Aichele, Archiv der Dr. Ing. h.c. F. Porsche AG, Archiv der Solitude GmbH, Stefan Bogner, Mirko Buschhaus, Christian Chalier, Dino Eisele, Max Leitner, Matze Stange
Ein ganz herzliches Dankeschön an alle, die zur Realisierung dieses Buches beigetragen haben; allen voran an Frank Jung, Leiter des Unternehmensarchivs, der zahlreiche Optimierungen einbrachte.

4. Auflage 2024

Infanteriestraße 11a, 80797 München
ISBN 978-3-95613-063-2